DAS GRÜNT UND BLÜHT IN HAMBURG

In Planten un Blomen steht ein Taschentuchbaum. Im Frühling hängen viele weiße »Taschentücher« an seinen Ästen und bewegen sich sanft in der milden Luft. Auf dem Ohlsdorfer Friedhof drehen sich im Herbst die Früchte des Spitz-Ahorns beim Herunterfallen und sehen dabei aus wie kleine Propeller. Im Botanischen Garten krabbelt eine dicke Hummel rückwärts aus einer Blüte des Roten Fingerhuts und fliegt mit Pollen »eingepudert« zur nächsten. Wie Soldaten in einer Reihe ragen die Blätter und Halme der Sandsegge aus dem sandigen Boden im Naturschutzgebiet Boberger Niederung: Ein Ausflug in Hamburgs Pflanzenwelt lohnt immer! Wer sich mit offenen Augen auf den Weg macht, wird bestimmt mit schönen Beobachtungen beschenkt.

Hamburg gilt als die grünste Metropole Europas. Das ist auch kein Wunder, gibt es doch in der Stadt allein 122 Parks und 35 Naturschutzgebiete. Der wesentliche Grund für Hamburgs Vielfalt an Pflanzen besteht in der großen Zahl unterschiedlicher Biotope auf kleinem Raum. Deshalb sind in Hamburg mehr Arten anzutreffen als in seiner Umgebung. Dort setzen oft eintönige Monokulturen dem Pflanzenleben enge Grenzen. Ob in den abwechslungsreich gestalteten Parks oder in den Naturschutzgebieten mit ihren unterschiedlichen Lebensräumen wie Wiesen, Wäldern, Heiden, Mooren und sogar Dünen: In Hamburg grünt und blüht es überall. Mehr als 1500 wild wachsende Arten wurden bisher gezählt. Der Pflanzenfreund wird immer wieder Bekanntes und weniger Bekanntes entdecken. Vielleicht eine Eberesche mit roten Vogelbeeren in einem Park oder den gelbblühenden Wiesen-Wachtelweizen in einem Naturschutzgebiet. Doch nicht nur einheimische Gewächse finden sich in der Elbmetropole. Auch

Pflanzen aus fernen Ländern wie der aus China stammende Taschentuchbaum oder das in Südamerika beheimatete Mammutblatt sind in Hamburg zu sehen. Diese beiden Arten wurden eingeführt, um als attraktive Zierpflanzen Parks und große Gärten zu bereichern.

Fast ein Drittel der in Hamburg wild wachsenden Pflanzenarten war früher hier nicht heimisch. Viele dieser sogenannten Neophyten haben sich gut in die Pflanzenwelt integriert. Einige sind allerdings zu einem Problem geworden. Zu diesen invasiven Arten zählen beispielsweise der Japanische Staudenknöterich und der aus dem Kaukasus stammende Riesen-Bärenklau. Der Japanische Staudenknöterich wuchert so stark, dass er anderen Pflanzen das Licht wegnimmt. Seine Bekämpfung ist sehr mühsam und muss regelmäßig wiederholt werden. Der Riesen-Bärenklau verdrängt nicht nur einheimische Pflanzen, er ist auch für den Menschen gefährlich. Beim Berühren können schmerzhafte Hautentzündungen entstehen, die nur schwer abheilen. Wie schnell sich eine invasive Art ausbreiten kann, zeigt das Beispiel des Schmalblättrigen Greiskrauts. Diese gelbblühende Staude wurde im neunzehnten Jahrhundert in Bremen mit einer Woll-Ladung aus Südafrika eingeschleppt. Ihre massive Ausbreitung begann aber viel später. Erst ab dem Jahr 1970 trat sie, vom Ruhrgebiet ausgehend, ihren Eroberungsfeldzug entlang von Schienen und Straßen an und konnte 1988 zum ersten Mal im Hamburger Hafen nachgewiesen werden. Seitdem breitet sich das Schmalblättrige Greiskraut in der Hansestadt in rasantem Tempo weiter aus.

In Hamburg wächst sogar eine Pflanze, die es weltweit nur hier und elbabwärts bis Glückstadt gibt. Deshalb hat die Hansestadt auch eine besondere Verantwortung für deren Erhalt. Es ist der Schierlings-Wasserfenchel. Er lebt im Uferbereich der von der Tide beeinflussten Elbe und seiner Nebenflüsse. Dieser Doldenblütler ist durch Hafenausbau und Elbvertiefung vom Aussterben bedroht und steht deshalb auf der Roten Liste. Dort sind leider auch viele andere Pflanzenarten Hamburgs verzeichnet, die hier früher viel häufiger waren. So wurde die Schachblume noch vor Jahren in großer Zahl auf Märkten angeboten. Damals gab es ja auch noch genügend Marschwiesen, die regelmäßig unter Wasser standen, wie etwa in den Stadtteilen Billbrook und Moorburg. Heute sind diese Lebensräume großenteils bebaut und zu Hafen- und Gewerbegebieten geworden. Kleine Restbestände der attraktiven Schachblume finden sich nur noch in dem Naturschutzgebiet Heuckenlock und in den Wittenbergener Elbwiesen, die zum Naturschutzgebiet Wittenbergen gehören.

Dieser pflanzenkundliche Stadtführer will einen kleinen, unterhaltsamen Einblick in Hamburgs Pflanzenwelt geben. Auf zehn Touren durch Parks und Naturschutzgebiete zeigt er eine Auswahl interessanter Blumen, Bäume und Sträucher, die sich leicht beobachten lassen. Ergänzt werden die Touren durch illustrierte Steckbriefe, die die Pflanzen näher beschreiben. Daneben beschäftigen sich Exkurse mit verschiedenen pflanzenkundlichen Themen wie Hamburgs Straßenbäumen oder Neophyten in der Stadt. Weitere Rubriken wie eine Karte und Hinweise zur Erreichbarkeit der Orte mit öffentlichen Verkehrsmitteln sorgen für die nötige Orientierung.

BUNDESSTRASSE
SCHLÜTERSTRASSE
ROTHENBAUMCHAUSSEE
EDMUND-SIEMERS-ALLEE
RENTZELSTRASSE
TIERGARTENSTRASSE
ALSTERGLACIS
PARKSEE
ST. PETERSBURGER STRASSE
DB S DAMMTOR
WALLGRABEN
JUNGIUSSTRASSE
U STEPHANSPLA
DAMMTORWALL
DAMMTORSTRASSE
BÜSCHSTRASSE
GÄNSEMARKT
VALENTINSKAMP
1 MITTELMEERTERRASSEN
2 JAPANISCHER LANDSCHAFTSGARTEN
3 JAPANISCHER GARTEN
4 ROSENGARTEN
5 APOTHEKERGARTEN
6 BÜRGERGÄRTEN

PLANTEN UN BLOMEN

Mit Planten un Blomen haben sich die Hamburger eine grüne Oase mitten im Herzen der Stadt geschaffen. Der Name dieser abwechslungsreichen Parkanlage ist Plattdeutsch und bedeutet ins Hochdeutsche übersetzt »Pflanzen und Blumen«. Planten un Blomen hat eine wechselvolle Vergangenheit hinter sich. Im Verlaufe mehrerer Internationaler Gartenbau-Ausstellungen wurde das Gelände immer wieder umgebaut und die Pflanzenwelt verändert. Den ersten Baum, eine Ahornblättrige Platane, pflanzte der damalige Gymnasial-Professor Johann Georg Christian Lehmann im Jahr 1821 in der Nähe des Dammtor-Bahnhofs. Diese sogenannte »Lehmann-Platane« hat sich mittlerweile zu einem mächtigen Baum mit einem Stammumfang von über sechs Metern entwickelt. Lehmann war auch Begründer und erster Direktor des Alten Botanischen Gartens im Zentrum der Parkanlage. Dieser zog im Jahr 1979 wegen Platzmangels in den Hamburger Westen nach Klein Flottbek. Auf dem Gelände des Alten Botanischen Gartens in Planten un Blomen finden sich heute die im Jahr 1963 im Rahmen einer Internationalen Gartenbau-Ausstellung geschaffenen Schaugewächshäuser und die Mittelmeerterrassen, die wegen ihrer nach Süden ausgerichteten Lage zu den wärmsten Orten Hamburgs zählen. Dort lässt sich inmitten einer bunten Blütenpracht vortrefflich die Sonne genießen.

Der in Hamburgs City gelegene Park Planten un Blomen ist gut mit öffentlichen Verkehrsmitteln zu erreichen. Eingang am Dammtor: U-Bahn (U1) bis Stephansplatz, S-Bahn (S11, S21, S31) bis Dammtor (Messe/CCH). Eingang am Fernsehturm: U-Bahn (U3) bis Sternschanze. Von dort noch ein kurzer Fußweg.

ZIMBELKRAUT UND SOMMERLINDE

Planten un Blomen macht seinem Namen alle Ehre, denn dieses kleine Paradies mitten in Hamburg erfreut das Auge des Besuchers mit vielen schönen Pflanzen und Blumen. Ein Spaziergang lohnt sich zu allen Jahreszeiten. Im Frühjahr bringen Frühblüher wie Märzenbecher und Winterling die ersten Farbtupfer in den ansonsten noch wenig bunten Park. Im Sommer kann sich der Blumenfreund nicht sattsehen an der Farbenpracht der unterschiedlichsten Gewächse. So blühen in den Beeten Taglilien und Gladiolen und auf den Wasserflächen prächtige Seerosen. Auch der herbstliche Park bietet viele schöne Anblicke. Da sind etwa die zahlreichen blauen und lilafarbenen Astern und die leuchtend roten Laubblätter von Ahorn oder Lebkuchenbaum. Kastanien, Hagebutten und andere Früchte haben jetzt Hochsaison. Wenn es dem Parkbesucher im Winter draußen zu ungemütlich wird, kann er sich in den großen Schaugewächshäusern aufwärmen und so ganz nebenbei viel über tropische und subtropische Pflanzen erfahren. In Planten un Blomen gibt es auch besondere Themengärten. Wer sich für die Königin der Blumen interessiert, sollte den Rosengarten besuchen. Dort lassen sich über dreihundert Rosensorten bewundern. Auch der Apothekergarten mit seinen »Sieben Höfen der Gesundheit« lohnt einen Besuch. Dort findet der Interessierte zahlreiche Heilpflanzen und Kräuter. Im Japanischen Landschaftsgarten kann man sich auf verschlungenen Pfa-

ZIMBELKRAUT (Cymbalaria muralis) [**BLÜTE**] Hellviolett mit leuchtend gelben Flecken auf der Unterlippe. [**BLÜTEZEIT**] Mai bis September. [**BLATT**] Herzförmig bis rund mit gelapptem Rand. [**VORKOMMEN**] Felsen, feuchte Mauerritzen und Steingärten. [**WISSENSWERTES**] Das Zimbelkraut stammt aus dem Mittelmeerraum. Im 16. Jahrhundert wurde es als Zier- und Heilpflanze in Mitteleuropa eingebürgert. Es wirkt entzündungshemmend und wundheilend. Die Blätter des Zimbelkrauts sind reich an Vitamin C und wurden früher in der Küche als gesunde Salatbeigabe genutzt oder auf Brot gestreut.

Zimbelkraut

den zwischen Felsen, entlang von Wasserläufen und vorbei an stillen Teichen entspannen.
Am Stephansplatz tobt der Verkehr. Den lassen wir aber schnell hinter uns und freuen uns auf einen schönen Frühlingsspaziergang durch die Pflanzenwelt Planten un Blomens. Als Erstes fällt unser Blick auf eine prächtige Kastanie. Ihre weißen aufrechten Blütenstände werden im Volksmund auch »Kerzen« genannt. Jetzt geht's ein Stückchen entlang des Alten Wallgrabens. Dort schwimmen einige Enten, und ein Graureiher steht auf einer kleinen Holzinsel. Am Ufer entdecken wir das große Mammutblatt, eine in Südamerika beheimatete Pflanze mit riesigen Blättern, und eine alte Weide, deren dünne Äste bis ins Wasser hängen. Rechter Hand, am Südhang des Alten Botanischen Gartens, weist eine Info-Tafel auf das Alpinum hin. Doch finden sich hier kaum noch Pflanzen der Gebirge. Wer Edelweiß und Enzian sehen möchte, sollte den Neuen Botanischen Garten in Klein Flottbek besuchen. Jetzt gelangen wir zu den Mittelmeerterrassen mit ihrem mediterranen Flair. Die vielen, aus dunklen Schiefersteinen bestehenden Mauern speichern die Sonnenwärme. Sie sind mit zahlreichen hellvioletten Blüten geschmückt. Das ist das **ZIMBELKRAUT**, auch Mauer-Zimbelkraut genannt. Dieses wärmeliebende Gewächs ist ein sogenannter »Neophyt«, also eine Pflanze, die früher hier nicht vorkam. Ihre ursprüngliche Heimat waren die Mittelmeerländer. Auf der Unterlippe der zarten Blüten sind gelbe Flecken zu erkennen. Sie ähneln Staubbeuteln und haben die Aufgabe, Wildbienen und andere Insekten zur Bestäubung anzulocken. Während die Blüten zum Licht

hin wachsen und sich so den Bestäubern präsentieren, verhält es sich mit den Früchten gerade umgekehrt. Nach der Bestäubung verlängert sich der Blütenstiel mit der reifenden Samenkapsel an der Spitze und wächst vom Licht weg in die Mauerritze hinein. Dort finden die Samen dann optimale Keimbedingungen.

Nun gehen wir die Treppen nach oben und statten den Schaugewächshäusern einen kurzen Besuch ab. Zusammen mit den Mittelmeerterrassen stehen sie unter Denkmalschutz und beherbergen exotische Pflanzen aus verschiedenen Klimazonen. Zuerst geht's durch den tropischen Regenwald, wo beispielsweise der Kakaobaum wächst. Dann sehen wir uns alte Baumfarne an und besuchen die subtropische Pflanzenwelt, wo sogenannte Hartlaubgewächse wie Lorbeer und Olive zu sehen sind. Schließlich gelangen wir in das feuchtwarme Farnhaus und schauen uns danach noch im trockenwarmen Klima dcs Sukkulentenhauses verschiedene Kakteen und andere Wüstenpflanzen an. Wieder draußen, steigt uns ein betörender Duft in die Nase. Er stammt von einer herrlich weiß blühenden Bitterorange, auch Pomeranze genannt. Wir spazieren jetzt weiter in Richtung des Japanischen Landschaftsgartens. Schon von Weitem sehen wir einen etwa sechs Meter hohen Baum, in dem sich viele weiße »Taschentücher« sanft in der milden Frühlingsluft zu bewegen scheinen. Er heißt deshalb mit seinem deutschen Namen auch **TASCHENTUCHBAUM**. Diese fotogene, aus China stammende Pflanze ist eine Zierde so mancher Hamburger Parks und Gärten. Es sind natürlich keine Taschentücher, die von den Zweigen

TASCHENTUCHBAUM (Davidia involucrata) [**BLÜTE**] Kugelige rotbraune Blütenstände, die rückseitig von zwei rahmweißen, verschieden langen Hochblättern umgeben sind. [**BLÜTEZEIT**] Mai bis Juni. [**BLATT**] Breit eiförmig bis herzförmig mit gesägtem Blattrand. Ähnelt einem Lindenblatt. [**VORKOMMEN**] Gärten und Parks. [**WISSENSWERTES**] Der Taschentuchbaum stammt aus Westchina. Im Herbst zeigen seine Laubblätter leuchtend goldgelbe und orangefarbene Töne.

herabhängen, sondern sogenannte Hochblätter, die die kugeligen Blütenstände des Taschentuchbaums schützend umgeben und Insekten zur Bestäubung anlocken sollen. Eine andere deutsche Bezeichnung dieses attraktiven Gewächses ist »Taubenbaum«, weil es aus der Ferne so aussieht, als hätten sich weiße Täubchen auf ihm zur Rast niedergelassen.

Taschentuchbaum

Wir verlassen jetzt den Japanischen Landschaftsgarten und spazieren in Richtung eines weiteren Japanischen Gartens. Auf dem Weg dorthin »begrüßt« uns rechter Hand die uralte Lehmann-Platane. Dann kommen wir an einem großen Schaukasten vorbei, der Planten un Blomen, die Großen und Kleinen Wallanlagen sowie den Alten Botanischen Garten als Modell zeigt, und erreichen schließlich unser nächstes Ziel. Optischer Mittelpunkt des Japanischen Gartens, des größten seiner Art in Europa, ist das an einem See gelegene und sich in diesem spiegelnde reetgedeckte Teehaus. Dort werden in den Sommermonaten Teezeremonien zelebriert und weitere Veranstaltungen durchgeführt. Der Japanische Garten strahlt mit seiner strengen Gestaltung eine meditative Ruhe aus. In ihm bilden die verschiedenen Granitfelsen, das Wasser des Sees und das Grün der vielen Pflanzen eine harmonische Einheit. Rhododendren und Azaleen blühen in unterschiedlichen Farben. Besonders fallen uns die von den Gärtnern in eine charakteristische Form gebrachten Kiefern auf. Die dicken, an den Enden verzweigten Seitenäste sind in

Glyzinie

mehreren Stockwerken angeordnet. Doch jetzt freuen wir uns über das wunderbare Blütenmeer der **GLYZINIE**. Diese verholzende Kletterpflanze rankt sich entlang eines langen stabilen Gerüsts aus runden Holzbalken. Wegen ihrer herabhängenden, mit zahlreichen blauen Blüten besetzten traubenförmigen Blütenstände wird die Glyzinie auch Blauregen genannt. Sie ist sehr beliebt bei Gartenbesitzern, lassen sich damit doch ihre Hauswände oder Pergolen unkompliziert verschönern. In den Abendstunden verströmt die zu den Schmetterlingsblütlern gehörige Pflanze einen angenehmen Duft. Früher bauten die Japaner so manche Flussbrücken aus den dicken, zusammengeflochtenen Schlingtrieben des Blauregens, auf die sie dann Holzplanken legten.

Weiter geht's zum Rosengarten. Wir passieren eine riesige Trauerbuche, mehrere gepfropfte Japanische Kirschbäume und sehen schließlich in einiger Entfernung eine große Blutbuche mit dem Fernsehturm im Hintergrund. Nach rechts kommen wir am Café Seeterrassen vorbei, schauen auf die alten hohen Pappeln vor uns, wenden uns dann nach links und

GLYZINIE (Wisteria floribunda) [BLÜTE] Traubenförmige Blütenstände mit blauen Blüten. [BLÜTEZEIT] Mai bis Juni. [BLATT] Unpaarig gefiederte Laubblätter mit glattem Rand. [VORKOMMEN] Gärten und Parks. [WISSENSWERTES] Die Japanische Glyzinie wurde Mitte des 19. Jahrhunderts nach Holland eingeführt und ist seitdem als Zierpflanze weit verbreitet. Es gibt auch weiß-, zartrosa- und purpurviolett blühende Pflanzen. Im Herbst verfärben sich die Laubblätter leuchtend gelb.

erreichen schließlich den Rosengarten. Hier blühen in den Sommermonaten neben Teehybriden, Kletterrosen und anderen wunderschönen Sorten auch viele andere Pflanzen wie etwa Margeriten, Phlox und Lavendel. Eine ganz bekannte Rosensorte ist die **GLORIA DEI**, was ins Deutsche übersetzt »Ehre sei Gott« bedeutet. Diese zu den Edelrosen gehörende Sorte wurde im Jahr 1945 von dem französischen Züchter Francis Meilland in den Handel gebracht und ist seitdem eine der beliebtesten Rosensorten der Welt. Die Amerikaner haben sie am 29. April 1945 auf den Namen »Peace«, also »Frieden«, getauft. Dieses Datum war zufällig der Tag der Einnahme Berlins durch die Rote Armee. Einige Zeit später erhielt jeder Delegierte der Vollversammlung der Vereinigten Nationen eine dieser schönen Rosen mit dem Hinweis, dass das wichtigste Ziel ihrer politischen Bemühungen der Frieden in der Welt sein müsse. Die Gloria Dei blüht von Juni bis Oktober mehrere Male. Ihre gefüllten Blüten sind hellgelb und haben einen rosafarbenen Rand. Diese Edelrose erfreut ihren Besitzer nicht nur mit ihrem aparten Aussehen, sondern auch mit ihrem zarten Duft.

Gloria Dei

Jetzt wollen wir zum Apothekergarten. Auf dem Weg dorthin kommen wir an einer langen Steinmauer vorbei. In den feuchten Mauerritzen sind wieder die kleinen violetten Blüten des Zimbelkrauts zu sehen. Im Apothekergarten gehen wir ganz langsam durch die »Sieben Höfe der Gesundheit« und schau-

EDELROSE (Gloria Dei) [BLÜTE] Gefüllt, hellgelb mit rosafarbenem Rand. [BLÜTEZEIT] Juni bis Oktober. [BLATT] Groß, dunkelgrün, glänzend mit gesägtem Rand. [VORKOMMEN] Gärten und Parks. [WISSENSWERTES] Die Gloria Dei ist eine der beliebtesten Rosensorten. Die leicht duftende Edelrose blüht mehrere Male in der Saison.

Echter Baldrian

en uns die vielen Kräuter und Heilpflanzen an. Im Hof 7 wachsen verschiedene Küchenkräuter. Neben Rosmarin, Oregano und Salbei entdecken wir auch Liebstöckel, das als »Maggikraut« bekannt ist und verschiedene Suppen, Salate und Eintopfgerichte würzt. In Hof 6 wachsen Pflanzen, die gut für die Nerven sind. Hier sehen wir Melisse, Lavendel, Johanniskraut und **ECHTEN BALDRIAN**. Diese aromatisch duftende Heilpflanze galt im Mittelalter als Schutzkraut gegen Hexen und Teufel. Seit dem 18. Jahrhundert ist Baldrian für seine beruhigende und schlaffördernde Wirkung bekannt. Die arzneilich wirksamen Stoffe werden fast ausschließlich aus der Wurzel extrahiert. Baldrian hat sich nicht nur als Heilpflanze einen Namen gemacht. Er sieht auch schön aus und bietet Bienen und anderen Insekten reichlich Nektar und Pollen. Katzen sollen sich vom intensiven Duft des Baldrians angezogen fühlen, was dieser Pflanze auch den Namen »Katzenkraut« eingetragen hat. Wir schauen uns noch in aller Ruhe die weiteren Kräuter und Heilpflanzen des Apothekergartens an, um dann unseren Frühlingsspaziergang mit dem Gang durch die Bürgergärten abzuschließen.

ECHTER BALDRIAN (Valeriana officinalis) [**BLÜTE**] Die zartrosafarbenen bis weißen Blüten sind in schirmrispigen Blütenständen dicht angeordnet. [**BLÜTEZEIT**] Mai bis Juli. [**BLATT**] Unpaarig gefiedert. Die lanzettlichen Fiederblättchen sind gesägt oder ganzrandig. [**VORKOMMEN**] Die feuchtigkeitsliebende Pflanze kommt oft an Ufern von Gräben, Bächen und Teichen vor. [**WISSENSWERTES**] Der Echte Baldrian ist eine der ältesten Heilpflanzen. Schon Hippokrates verabreichte im 4. Jahrhundert vor Christus seine getrockneten Wurzeln als Medizin.

Vorbei geht's an einem Perückenstrauch. Er hat seinen Namen von den wolligen violetten Fruchtständen, die dieser Pflanze im Herbst ein besonders attraktives Aussehen verleihen. Jetzt entdecken wir einen Sommerflieder, der auch Schmetterlingsflieder genannt wird, denn der Kleine Fuchs und andere Schmetterlingsarten nutzen seine langen Blütenrispen als ergiebige Nektartankstelle. Auf den Beeten der Bürgergärten wachsen Akeleien, Hortensien, Lupinen, Kugeldisteln und viele andere schöne Pflanzen. Besonders freuen wir uns über die in prächtigen Farben leuchtenden Schwertlilien. Unter einer alten **SOMMERLINDE** machen wir kurz halt. Noch blüht sie nicht. Aber ab Juni verströmen ihre unzähligen kleinen Blüten einen angenehmen Duft, der besonders in den Abendstunden sehr intensiv ist. Bienen wissen die Sommerlinde als Trachtpflanze zu schätzen, und auch der Mensch nutzt ihre Blüten zur Herstellung eines Tees. Dessen schweißtreibende Wirkung soll bei grippalen Infekten für ein Ausschwitzen der Krankheit sorgen. Früher spielte die Sommerlinde eine wichtige Rolle als Dorfmit-

Sommerlinde

SOMMERLINDE (Tilia platyphyllos) [BLÜTE] Die süßlich duftenden Blüten sind gelb und bilden hängende Trugdolden. [BLÜTEZEIT] Juni bis Juli. [BLATT] Herzförmig mit scharf gesägtem Rand. [VORKOMMEN] Als Straßenbaum, in Parks und vereinzelt in Laubwäldern. [WISSENSWERTES] Wegen ihrer herzförmigen Blätter gilt die Sommerlinde auch als Baum der Liebe. Ihre kleinen kugeligen Früchte hängen an einem pergamentartigen Hochblatt, das sich beim Herabfallen wie ein Propeller dreht. Die Sommerlinde kann bis zu tausend Jahre alt werden.

telpunkt. Dort traf man sich, feierte Feste und hielt sogar Gericht ab. Im Tropengarten links vom Eingang am Fernsehturm setzen wir uns noch einen Augenblick ans Wasser. Hier blühen Sumpf-Schwertlilie und gelbe Teichrose, auch »Mummel« genannt. Interessant sind ebenfalls die im Tropengarten wachsenden Bäume. Wir sehen einen Trompetenbaum mit seinen herabhängenden bohnenförmigen Fruchtkapseln, eine Kaukasische Flügelnuss mit ihren langen Fruchtständen und einen Lebkuchenbaum, der im Herbst mit einer wunderschönen Blattfärbung aufwartet.

HINWEISE

→ Öffnungszeiten: Oktober bis März von 7 bis 20 Uhr. April von 7 bis 22 Uhr. Mai bis September von 7 bis 23 Uhr. → Der Eintritt ist frei. Fahrräder an den Eingängen abstellen oder schieben. → Der Hamburger Apothekerverein e.V. veranstaltet an jedem zweiten Sonntag im Monat Führungen durch den Apothekergarten (www.hav.de). → Im Winterhalbjahr finden einige Führungen in den Schaugewächshäusern statt (www.bghamburg.de). → Weitere Führungen, auch mit pflanzenkundlichem Schwerpunkt, finden zu verschiedenen Terminen statt (www.plantenunblomen.de). → Besonders schön ist ein Spaziergang in den Morgenstunden. Dann kann man noch in Ruhe die prächtige Pflanzenwelt genießen.

EIGENE BEOBACHTUNGEN

AUS DER NATURAPOTHEKE – HEILPFLANZEN

Gegen viele Leiden ist ein Kraut gewachsen. So kann das Frühlings-Adonisröschen bei Herzschwäche, die Echte Kamille bei Magenschmerzen und der Huflattich bei Husten helfen. Heilpflanzen finden sich in Hamburg wildwachsend und in speziellen Gärten. So wächst der schon zeitig im Jahr blühende Huflattich in verschiedenen Parks und Grünanlagen. Wer allerdings ein Frühlings-Adonisröschen sehen will, sollte zum Botanischen Garten in Klein Flottbek fahren und dort in den Apothekergarten gehen. Lohnenswert ist auch ein Besuch des Apothekergartens mit seinen Sieben Höfen der Gesundheit in Planten un Blomen. Abgesehen davon, dass man Heilpflanzen nicht überall abpflücken darf, ist eine Behandlung mit selbst geernteten Heilpflanzen auch nicht zu empfehlen – enthalten doch nicht wenige von ihnen giftige Substanzen. Da ist es auf jeden Fall besser, sich Arzneipflanzen in Form von Tees, Salben und Pillen aus der Apotheke zu besorgen.

ECHTER HOPFEN

(Humulus lupulus)

[VERWENDETE TEILE] Fruchtstände

[ANWENDUNG] Bei Unruhezuständen

ECHTE KAMILLE

(Matricaria recutita)

[VERWENDETE TEILE] Blüten

[ANWENDUNG] Bei Magenschmerzen

ECHTER LAVENDEL
(Lavandula angustifolia)
[VERWENDETE TEILE] Blüten
[ANWENDUNG] Bei Einschlafstörungen

FAULBAUM
(Frangula alnus)
[VERWENDETE TEILE] Rinde
[ANWENDUNG] Bei Verstopfung

GEWÖHNLICHER FRAUENMANTEL
(Alchemilla vulgaris)
[VERWENDETE TEILE] Kraut
[ANWENDUNG] Bei Hautwunden

GROSSBLÜTIGE KÖNIGSKERZE
(Verbascum densiflorum)
[VERWENDETE TEILE] Blüten
[ANWENDUNG] Bei Husten

GEWÖHNLICHE GOLDRUTE
(Solidago virgaurea)
[VERWENDETE TEILE] Kraut
[ANWENDUNG] Bei Blasenentzündung

FRÜHLINGS-ADONISRÖSCHEN
(Adonis vernalis)
[VERWENDETE TEILE] Kraut
[ANWENDUNG] Bei Herzschwäche

ZWEIGRIFFELIGER WEISSDORN
(Crataegus laevigata)
[VERWENDETE TEILE] Blätter, Blüten, Früchte
[ANWENDUNG] Bei Herzschwäche

HUFLATTICH
(Tussilago farfara)
[VERWENDETE TEILE] Blätter
[ANWENDUNG] Bei Husten

NEBENALLEE
BUS
RINGSTRASSE
KAPELLENSTRASSE
OHLSDORF
CORDESALLEE
SÜDTEICH
NATURLEHRPFAD
ROSENGARTEN
SOMMERKAMP
BERGSTRASSE
FUHLSBÜTTLER STRASSE
OBERSTRAS
KAPELLE
4
RÜBENKAMP
ILANDKOPPEL

OHLSDORFER FRIEDHOF

»Die Freude und Sehnsucht nach der Natur berechtigen besonders die Großstädter, Friedhöfe so weit wie nur möglich mit Baumwerk auszugestalten. Eine Wanderung still unter Bäumen, ein stilles Bankplätzchen unter Bäumen, das ist allgemein der Wunsch.« Von diesen Gedanken hatte sich Johann Wilhelm Cordes leiten lassen, als er den größten Parkfriedhof der Welt anlegte, der auf der Pariser Weltausstellung 1900 mit einem »Grand prix« ausgezeichnet wurde. Mit fast 389 Hektar und einem ausgedehnten Wegenetz ist der 1877 eröffnete Ohlsdorfer Friedhof auch Hamburgs größte Grünanlage mit vielen Pflanzen und Tieren. Er ist umgeben von den Stadtteilen Ohlsdorf, Klein Borstel, Wellingsbüttel, Bramfeld und Steilshoop. Der kunstvoll als Park gestaltete Friedhof ist nicht nur ein Ort für Trauer und Gedenken, er bietet auch Ruhe und Besinnlichkeit als Gegengewicht zum pulsierenden Großstadtleben.

EIBE UND EUROPÄISCHE LÄRCHE

Schon beim Betreten des Ohlsdorfer Friedhofs fühlt sich der Besucher in eine zauberhafte Pflanzenwelt versetzt. Und die zeigt sich immer wieder in neuem Gewand. Im Frühling erscheint das erste zarte Grün der Bäume

Neun Eingänge, davon fünf nur für Fußgänger. Haupteingang Fuhlsbüttler Straße: U-Bahn (U1) und S-Bahn (S1, S11) bis Ohlsdorf. Buslinien 172, 179 bis Ohlsdorf. Parkmöglichkeiten auf dem Friedhofsgelände.

und Sträucher. Später tauchen dann unzählige Rhododendron- und Azaleenbüsche die Parklandschaft in ein Meer von Blüten. Hier leuchtet es lila, dort gelb und weiter hinten weinrot. Auch der Herbst hat mit seinen bunten Früchten und dem farbenfrohen Laub einiges zu bieten. Ins Auge fallen auf dem Ohlsdorfer Friedhof natürlich überall die prächtigen Bäume. Viele sind über hundert Jahre alt. Über 450 Arten von Laub- und Nadelgehölzen kann der Pflanzenfreund entdecken, darunter auch Seltenheiten wie die Lindenblättrige Birke, die Westamerikanische Hemlocktanne oder der Zimt-Ahorn. Die Vielfalt der Flechten, die an den Bäumen siedeln, zeigt an, dass die Luft hier nicht so verschmutzt ist wie in anderen Stadtbereichen. Nicht nur die vielen Bäume erfreuen das Herz des Besuchers. Er kommt auch bei einem Besuch im Rosengarten voll auf seine Kosten. Im Sommer blühen dort 2700 Rosen. Im Jahr 1894 plante der erste Friedhofsdirektor Johann Wilhelm Cordes diese schöne Anlage. Er ließ sie »mit alten Rosensorten, wie sie zur Zeit der Griechen und Römer und in den Klöstern des Mittelalters gepflegt worden sind«, bepflanzen. Der betörende Duft dieser historischen Rosen verzaubert auch heute noch den Besucher. An einem milden Frühlingsabend lassen wir die Fuhlsbüttler Straße mit ihrem lauten Feierabendverkehr hinter uns und machen uns durch den Haupteingang auf den Weg in die Weiträumigkeit und Stille des Friedhofs. Wir halten uns rechts und gehen ein Stückchen die Cordesallee entlang. Auf beiden Seiten stehen Ahornblättrige Platanen. Ihre Blätter ähneln tatsächlich denen des Ahorns. Diese Pflanzen sind beliebte Straßenbäume, da sie die Abgase der Autos recht gut vertragen. Nach einigen Schritten erreichen wir den Südteich, auf dem eine Stockente gerade dabei ist, die kleinen grünen Blättchen der Wasserlinse, auch Entengrütze genannt, zu fressen. Am Teichufer stehen eine alte Sommerlinde und mehrere andere mächtige Bäume. Jetzt überqueren wir die kleine Brücke mit dem schönen schmiedeeisernen Geländer und spazieren auf dem anderthalb Kilometer langen Naturlehrpfad weiter. Der bietet auf 29 Tafeln interessante Informationen über die Tier- und Pflanzenwelt des Friedhofareals. Und da ist auch schon eine Tafel, die auf einen hinter ihr wachsenden Haselstrauch hinweist. Seine männlichen Blütenstände, die Kätzchen, sind aber bereits verblüht. Das freut den Allergiker, denn er muss keinen vom Wind verbreiteten Pollen dieser Pflanze mehr fürchten. Die schmackhaften Haselnüsse können wir jetzt noch nicht pflücken, denn sie reifen erst zwischen August und Oktober. Dann freut sich auch das Eichhörnchen darüber. Es knackt sie nicht nur, sondern vergräbt auch viele von ihnen als Wintervorrat. Kurz vor dem Rosengarten entdecken wir eine beeindruckende **EIBE**, die wegen ihres säulenförmigen Wuchses auch Säuleneibe genannt wird. Da diese Pflanze einige Hundert Jahre alt werden kann, gilt sie als Symbol für das ewige Leben. Sie ist ein Geschenk an den Ohlsdorfer Friedhof anlässlich der Weltausstellung in Paris im Jahr 1900. Obwohl die Eibe eine sehr giftige Pflanze ist, stehen ihre im Herbst gebildeten roten Früchte bei der Amsel und anderen Vö-

Eibe

EIBE (Taxus baccata) [**BLÜTE**] Unscheinbar. Es gibt Pflanzen mit männlichen und Pflanzen mit weiblichen Blüten. Die männlichen Blüten sind kugelig und befinden sich längs der Unterseite der Triebe. Weibliche Blüten sind grüne Zäpfchen in den Blattachseln. [**BLÜTEZEIT**] März bis April. [**BLATT**] Nadeln weich und biegsam, Oberseite glänzend-dunkelgrün, Unterseite hellgrün. [**VORKOMMEN**] Gärten, Parks und Friedhöfe. [**WISSENSWERTES**] Eiben sind als Hecken und Formgehölze sehr beliebt. So finden sie sich beispielsweise in der Nähe des Haupteingangs zum Ohlsdorfer Friedhof bei der großen Christusstatue in säulenförmig geschnittener Form. Da Eiben bis auf den roten Samenmantel äußerst giftig sind, sollten Eltern auf eine Pflanzung im Garten verzichten. Sonst besteht die Gefahr, dass Kinder die verlockenden Früchte essen und sich am hochtoxischen Samenkern vergiften.

Spitzahorn

geln hoch im Kurs. Allerdings fressen diese nur den saftigen Samenmantel, den Arillus. Der ist nämlich nicht giftig. Den Kern scheiden die Vögel unverdaut wieder aus. So sorgen sie für die Verbreitung dieses immergrünen Nadelgewächses. Im Spätmittelalter galt das harte und elastische Holz der Eibe als gefragtes Material für den Bogen- und Armbrustbau.

Rechts haben wir einen schönen Blick auf den Rosengarten mit dem Cordes-Denkmal im Hintergrund. Auf beiden Seiten dieses Denkmals wachsen hohe Scheinzypressen. Im Rosengarten blühen in den Sommermonaten duftende Englische Rosen und viele andere attraktive Sorten. Auf der linken Seite unseres Weges wachsen mehrere Rotbuchen, die voller Bucheckern sind. Hier steht auch ein orangefarbenes Informationselement. Es macht uns auf eine Sichtachse aufmerksam: In weiterer Entfernung, auf der anderen Seite der Cordesallee, sehen wir den Cordesbrunnen. Dieser liegt mit der Insel auf dem Südteich, dem Rosengarten und dem Cordes-Denkmal auf einer Achse. Bei unserer weiteren Entdeckungstour über den Friedhof verlassen wir uns auf die ins Auge fallenden Steine mit den weißen Richtungspfeilen. Vorbei geht's an einer ungemähten Wiese mit verschiedenen Wildpflanzen wie Kamille, Wegwarte oder Fenchel. Sie soll den vom Aussterben bedrohten Wildbienen Nahrung und Nistmöglichkeit bieten. Vor einem **SPITZAHORN** bleiben wir stehen. Er verdankt seinen Namen der charakteristischen Form seines Blattes. Es besteht aus fünf bis sieben am Ende zugespitzten Lappen.

Dieser Baum mit der breiten Krone sticht zweimal im Jahr besonders ins Auge. Im Frühjahr zeigt er schon vor dem Austreiben der Laubblätter seine gelblichgrünen kugeligen Blütenstände. Das freut die Bienen, die hier Nektar in Hülle und Fülle finden. Im Herbst leuchten die Blätter des Spitzahorns in gelben und roten Farbtönen. Unser Spitzahorn ist bereits verblüht und jetzt voller Früchte. Jede Frucht besteht aus zwei Flügeln, die einander fast gegenüberstehen. Beim Herunterfallen dreht sie sich wie ein kleiner Propeller und fliegt mit etwas Glück zu einer Stelle, wo sie später keimen kann. Der Volksmund nennt die Frucht auch »Nasenzwicker«, weil Kinder sich ihre Hälften gern auf die Nase setzen, aber nicht nur die. Jetzt gehen wir nach rechts und sehen schon von Weitem die Kapelle vier. Am Wegesrand wachsen Gänseblümchen, Hahnenfuß und vereinzelt der Rote Fingerhut. Ein Bergahorn weckt unser Interesse. So ein Baum kann bis zu fünfhundert Jahre alt werden. Der Bergahorn kommt im Gebirge gebietsweise bis zur Baumgrenze vor. Seine Früchte sehen anders aus als die des Spitzahorns. Ihre Flügel bilden jeweils einen rechten bis spitzen Winkel miteinander. Nun kommen wir an einer zweistämmigen Buche vorbei und erreichen nach einigen Schritten eine hohe Birke, die unten auf der nach Westen gerichteten Seite mit Moos bewachsen ist. Das ist kein Wunder bei den vorherrschenden feuchten Westwinden. An der Birke wenden wir uns nach rechts und gehen auf einem schmalen, schattigen Weg bis zur nächsten weißen Informationstafel, die auf die im Hintergrund wachsende

SPITZAHORN (Acer platanoides) [**BLÜTE**] Gelblichgrüne kugelige Blütenstände. Die Blüten sind zwittrig oder eingeschlechtig. [**BLÜTEZEIT**] April bis Mai. [**BLATT**] Fünf- bis siebenlappig, mit endständigen Spitzen. Blattrand glatt. [**VORKOMMEN**] Wälder, Parks, Friedhöfe und als Straßenbaum. [**WISSENSWERTES**] Das rötliche, schön gemaserte Holz des Spitzahorns wird in der Tischlerei und als Möbelholz geschätzt. Der Name »Spitzahorn« kommt zum einen von den zugespitzten Lappen seiner Blätter, zum anderen von dem Spaß, sich die unreifen Fruchthälften auf die Nase zu kleben und so zu einem »Nas-Horn« zu werden.

Stieleiche

STIELEICHE hinweist. Der eindrucksvolle Baum blüht noch. Erst im Herbst erscheinen seine Früchte, die Eicheln. Sie sitzen zu mehreren an eineinhalb bis vier Zentimeter langen Stielen. Daher kommt der Name dieser Pflanze. Der Eichelhäher liebt Eicheln ganz besonders und vergräbt diese nussartigen Früchte auch gern an verschiedenen Stellen im Wald als Wintervorrat. Manche vergisst er, sodass neue Bäume aufkeimen können. Früher trieben die Bauern ihre Schweine in den Wald zur Eichelmast. Ihr Fleisch war dann sehr schmackhaft. In Spanien werden auch heute noch Schweine ausschließlich mit Eicheln gefüttert. Sie liefern später einen leckeren Schinken. Da die Stieleiche bis zu tausend Jahre alt werden kann, gilt sie als Sinnbild für Treue, Stärke und Standhaftigkeit.

Eicheln

Wir überqueren die Oberstraße und gehen vor der Bushaltestelle nach links. Die große Sommerlinde am Weg blüht ge-

STIELEICHE (Quercus robur) [BLÜTE] Männliche und weibliche Blüten auf einem Baum. Männliche Blüten befinden sich in gelblichgrünen, in Büscheln herabhängenden Kätzchen, weibliche Blüten in langgestielten Ähren. [BLÜTEZEIT] April bis Mai. [BLATT] Ledrig. In fünf bis sechs Buchten gelappt, glattrandig. [VORKOMMEN] Wälder, Parks, Friedhöfe und als Straßenbaum. [WISSENSWERTES] Das harte, zähe und wasserdichte Holz der Stieleiche ist vielseitig verwendbar. Schon vor tausend Jahren wurde es für den Schiffsbau genutzt. Die Stieleiche ist Lebensraum für viele Tierarten, zum Beispiel die Eichengallwespe. Ihre Larve lebt auf der Unterseite eines Blatts in einem grünen Gallapfel, der sich später rot färbt. Die Eichengallwespe ist für den Baum nicht schädlich, wohl aber die Raupen des Eichenwicklers, einer Schmetterlingsart. Sie können junge Stieleichen völlig kahlfressen.

rade und verströmt einen zarten Duft. Schauen wir uns die Blüten einmal genauer an, dann sehen wir, dass jeweils zwei bis fünf von ihnen zu einem Blütenstand zusammengefasst sind. Der Stiel eines Blütenstands ist bis zur Hälfte mit einem flügelartigen Hochblatt verwachsen, das später den kugeligen Früchten als Flugorgan dient. Jetzt gelangen wir an einen Baum, der leider schon sehr selten geworden ist: die **ULME**. Ihre roten Blüten erscheinen bereits Ende März, Anfang April und bieten den Bienen nach dem Winter erste Nahrung. Auch für Schmetterlinge ist die Ulme von Bedeutung. So fressen die Raupen des Ulmen-Zipfelfalters und des Großen Fuchses die Blätter dieses Baums. Die Ulme leidet unter dem um sich greifenden Ulmensterben. Urheber ist der Große Ulmensplintkäfer. Er überträgt die Sporen einer bestimmten Pilzart auf den Baum. Die aus den Sporen wachsenden Pilzfäden verstopfen die Wasserleitungsbahnen der Pflanze und verhindern dadurch den Transport von Wasser und den darin gelösten Nährsalzen. Dadurch kommt es zum Absterben der Blätter und letztlich des gesamten Baums. Bis heute ist noch kein wirksames Gegenmittel gegen das Ulmensterben gefunden worden. Der Baum, den wir gerade vor uns haben, ist eine Holländische Ulme. Die-

Ulme

ULME (Ulmus hollandica) [**BLÜTE**] Rot, zwittrig, in Büscheln. [**BLÜTEZEIT**] Ende März, Anfang April. [**BLATT**] Eine Blatthälfte ist größer als die andere. Blatthälften sind ungleich am Grunde des Blattstiels angesetzt. Doppelt gesägter Blattrand. [**VORKOMMEN**] Durch das Ulmensterben selten in Wäldern, Parks und auf Friedhöfen. [**WISSENSWERTES**] Die flache Nussfrucht der Ulme ist ringsum von einem breiten, häutigen Flügel umgeben. Sie wird vom Wind verbreitet. Das Holz der Ulme hat eine schöne Maserung und wurde früher für Drechselarbeiten und Intarsien genutzt.

se Kreuzung aus Berg- und Feldulme soll einige Widerstandskräfte gegen die schlimme Ulmenkrankheit entwickelt haben.
Nun geht's an einer Wildbirne, der Mutter aller Birnensorten, vorbei. Sie ist bereits verblüht. Dieser kleine Baum hat für die Tiere eine große Bedeutung. Verschiedene Insektenarten ernähren sich vom Nektar und Pollen seiner weißen Blüten. Das wiederum zieht insektenfressende Vögel wie die Mönchsgrasmücke oder den Zilpzalp an, die auch gern auf der Wildbirne brüten, da ihr Nest zwischen den bedornten Zweigen gut geschützt ist. Die Früchte der Wildbirne werden vom Siebenschläfer, Marder und manch anderem Tier geschätzt. Uns sind sie allerdings zu hart.
Jetzt stoßen wir auf die Rückseite der Kapelle vier, vor der eine mächtige Trauerbuche steht. Nach einigen Schritten auf der Bergstraße zeigt uns ein Stein mit weißem Richtungspfeil, wie es weitergeht. Auf der nächsten Informationstafel lesen wir: Strauch mit Migrationshintergrund. Gemeint ist der **RHODODENDRON**. Von den weltweit über tausend Arten dieser immergrünen Pflanze stammen die meisten aus Asien und Nordamerika. Nicht wenige dieser Exoten fanden dann nach und nach ihren Weg bis Europa. Der Import begann um das Jahr 1850 herum. Damals brachten die Engländer über vierzig unterschiedliche Arten aus Indien hierher. Später nahmen dann französische Missionare weitere asiatische Arten auf ihre Reisen mit. Der erste Rhododendron auf dem Ohlsdorfer Friedhof wurde im Jahr 1884

RHODODENDRON (Rhododendron catawbiense) [BLÜTE] Trichterförmige Einzelblüten mit je nach Sorte unterschiedlicher Farbe. [BLÜTEZEIT] Mai bis Juni. [BLATT] Länglich, dunkelgrün-glänzend, glattrandig. [VORKOMMEN] Gärten, Parks und Friedhöfe. [WISSENSWERTES] Die auf dem Ohlsdorfer Friedhof vorherrschende Rhododendron-Sorte kann Wuchshöhen von bis zu sechs Metern erreichen. Auf dem Friedhof wächst auch eine besonders früh blühende Sorte. Die Vorfrühlingsalpenrose zeigt ihre fliederfarbenen Blüten bereits im Februar und März. Im Sommer leiden viele Rhododendren an der Rhododendron-Zikade. Sie saugt die Blattsäfte aus den Blättern.

gepflanzt. Mittlerweile wächst dieser schatten- und feuchtigkeitsliebende Strauch dort fast überall. Besonders lohnenswert ist ein Spaziergang Ende Mai, Anfang Juni. Dann taucht die Friedhofslandschaft in ein Meer von Blüten. Sehen die weißen, gelben, weinroten, violetten und orangefarbenen Rhododendren auch sehr attraktiv aus, sind sie für viele Insekten indes nicht so interessant, da sie nur wenig Nektar und Pollen bieten. Hummeln allerdings statten ihnen gern einen Besuch ab.

Rhododendron

An einer größeren Grabstelle bleiben wir stehen. Die alten Grabsteine sind mit Moos bewachsen und teilweise mit Efeu berankt. Auch ein Farn ist zu sehen. Nach ein paar Schritten kommen wir zu einer riesigen Hängebuche. Hier ist auf einer weiteren Informationstafel etwas über den Wert eines Baumes zu lesen. Es gibt zum einen seinen Geldwert und zum anderen seinen ökologischen Wert. Der Geldwert lässt sich mit bestimmten Methoden recht genau errechnen. Unsere Hängebuche ist demnach etwa 7000 Euro wert. Dieser Geldwert ist aber nur für Waldbesitzer von Interesse, die das Holz ihrer Bäume verkaufen wollen. Für alle von Bedeutung ist hingegen der ökologische Wert eines Baums. So reinigt er die Luft, indem er Feinstaub aus ihr herausfiltert und das schädliche Treibhausgas Kohlendioxid in Sauerstoff umwandelt. Der Baum ist natürlich auch Lebensraum für Pflanzen wie Moose und Flechten und für Tiere wie Vögel und viele andere Arten. Uns tut der Baum gut, weil er den Verkehrslärm dämpft, an heißen Tagen kühlen Schatten spendet und durch die Verdunstung über seine Blätter für angenehme Luftfeuchtigkeit sorgt. Nun gehen wir weiter und sehen nicht weit vom Weg entfernt mehrere hochgewachsene **EUROPÄISCHE LÄRCHEN**. An ihren langen Stämmen hat sich Efeu

Europäische Lärche

mit seinen Haftwurzeln emporgerankt. Da die rundlichen Sprossachsen dieser immergrünen Pflanzen sehr dick sind, muss der Efeu schon sehr alt sein, genau wie die Lärche, auf der er wächst. Die Lärche ist der einzige Nadelbaum, der seine Nadeln im Herbst verliert, so wie es ja auch die Laubbäume mit ihren Blättern machen. Doch bevor die Nadeln abfallen, zeigt sich die Lärche noch in einer wunderschönen Färbung. In der Sonne erstrahlt sie in einem leuchtenden Goldgelb. Auch im Frühling sieht die Lärche sehr schön aus. Ihre vielen neuen Nadeln geben dem Baum einen frischen hellgrünen Ton. Die Lärche hat von allen Nadelbäumen das härteste Holz. Es wird gern als Bau- und Möbelholz genutzt. Auch Vogelhäuschen werden oft aus Lärchenholz gefertigt, da es sehr haltbar und wetterbeständig ist.

Langsam neigt sich unser Spaziergang auf dem Ohlsdorfer Friedhof dem Ende zu. Doch bevor wir nach Hause fahren, wollen wir noch einmal tes-

EUROPÄISCHE LÄRCHE (Larix decidua) [**BLÜTE**] Auf einem Baum gibt es männliche und weibliche Blüten. Die eiförmigen männlichen Blüten sind schwefelgelb und befinden sich an unbenadelten Kurztrieben. Die weiblichen Blüten sind rosa und stehen aufrecht an benadelten Trieben. [**BLÜTEZEIT**] März bis Mai. [**BLATT**] Die biegsamen und weichen Nadeln stehen in Büscheln an Kurztrieben und einzeln an Langtrieben. [**VORKOMMEN**] Wälder, Parks und Friedhöfe. [**WISSENSWERTES**] Die hellbraunen, eiförmigen Zapfen der Europäischen Lärche stehen aufrecht. Dieser Baum besitzt das schwerste und härteste Holz unserer Nadelbaumarten. Da es sehr haltbar ist und Feuchtigkeit verträgt, wird es gern im Außenbereich und im Wasserbau verwendet. Die Europäische Lärche kann Frost gut vertragen und kommt im Gebirge bis zur Baumgrenze vor.

ten, ob wir die bei der nächsten Informationstafel aufgehängten Baumstämme an ihrer Rinde erkennen. Die Eiche mit der längsrissigen Borke und die Birke mit ihrer hellen Färbung sind leicht zu erkennen. Doch bei den anderen Baumstämmen fällt es uns schon schwerer.

HINWEISE

Öffnungszeiten des Friedhofs: April bis Oktober 8 bis 21 Uhr, November bis März 8 bis 18 Uhr täglich. Die Tore für Fußgänger sind ab 6 Uhr geöffnet. *Informationshaus beim Haupteingang: täglich (außer Mittwoch) 8 bis 16 Uhr; kostenloses Informationsmaterial (z.B. ein Friedhofsplan).* *Museum: montags, donnerstags und sonntags 10 bis 14 Uhr und nach Vereinbarung; Eintritt frei.* *Auf dem Friedhof verkehren die Buslinien 170 und 270. Das Friedhofsgelände ist mit insgesamt 17 Kilometern Fahrstraßen ausgestattet, aber für den Durchgangsverkehr gesperrt. Die Geschwindigkeit ist auf dreißig Stundenkilometer begrenzt.* *Der Förderkreis Ohlsdorfer Friedhof e.V. (www.fof-ohlsdorf.de, Telefon 040/500 533 87) veranstaltet geführte Rundgänge zu verschiedensten Themen.* *Hunde sind auf dem Ohlsdorfer Friedhof nicht zugelassen.*

EIGENE BEOBACHTUNGEN

KÖSTLICHES AUS DER NATUR – ESSBARE WILDFRÜCHTE

Zum Frühstück Brötchen mit leckerer Himbeermarmelade, zum Mittagessen als Nachtisch ein köstliches Heidelbeerkompott und zum Abendbrot ein aromatischer, vitaminreicher Tee aus den Hagebutten der Hunds-Rose: Ohne die köstlichen Wildfrüchte wäre der Speisezettel um einiges ärmer. Ob rote Kornelkirsche, blaue Heidelbeere oder gelber Sanddorn: Die wild wachsenden Früchte fallen mit ihren leuchtenden Farben schnell ins Auge und locken Mensch und Tier zum Verzehr. So sorgen Kräuter, Stauden, Sträucher und Bäume für die Verbreitung der in ihren Früchten enthaltenen Samen. Letztere sind unverdaulich, werden von den Konsumenten wieder ausgeschieden und keimen unter günstigen Umweltbedingungen aus. Doch nicht alle attraktiv aussehenden Wildfrüchte garantieren ungetrübten Genuss. Wer es den Vögeln nachmacht und die roten Vogelbeeren roh verzehrt, wird mit Magen- und Darmbeschwerden bestraft. Die schwach giftigen Inhaltsstoffe zersetzen sich allerdings beim Erhitzen, und dann lassen sich die Früchte der Eberesche als Marmelade, Gelee oder Saft genießen.
Die Menschen der Vorzeit waren noch völlig in die Natur eingebunden. Sie wussten aus eigener Erfahrung, welche Früchte genießbar und welche ungenießbar sind. Dieses Wissen ist heute nicht mehr Allgemeingut, aber mit einem guten Bestimmungsbuch lässt sich das Angebot an Wildfrüchten gefahrlos nutzen. Dabei ist einiges zu beachten:

- Nur solche Früchte sammeln, die man hundertprozentig kennt oder bestimmen kann. Bei geringstem Zweifel Früchte an den Pflanzen lassen.
- Ein Sammeln in Naturschutzgebieten verbietet sich selbstverständlich.
- Nicht an Rändern viel befahrener Straßen oder chemisch behandelter Felder sammeln, da die Früchte erheblich mit Schadstoffen belastet sind.

- Nur so viele Früchte sammeln, wie man verwerten kann. Seltene Früchte wie etwa Moosbeere oder Bärentraube nicht abpflücken, um die raren Bestände zu schonen.
- Nur voll ausgereifte Früchte ernten. Unreife Beeren reifen auch zu Hause nicht nach.
- Bodennah wachsende Früchte wie die der Heidelbeere vor dem Verzehr gut abwaschen (Fuchsbandwurm!).

Wildfrüchte sind reich an wertvollen Inhaltsstoffen wie Vitaminen, Mineralstoffen, Spurenelementen und Fruchtsäuren. Sie schmecken deshalb oft intensiver als entsprechende Kultursorten aus dem Garten. Damit das feine Aroma erhalten bleibt, sollten die Wildfrüchte schnell verarbeitet werden. Hier drei der vielen Möglichkeiten:

- Sanddorngelee: 200 Gramm Sanddornfrüchte, 300 Milliliter Wasser, ein Pfund Gelierzucker. Früchte bis zum Platzen der Fruchthaut kochen. Nach dem Erkalten Gelierzucker einrühren, abermals erhitzen und drei Minuten sprudelnd kochen. Dann durch ein Sieb in gereinigte Gläser abfüllen.
- Kornelkirschensaft: Ein Kilo Kornelkirschen, zwei Liter Wasser, 200 Gramm Zucker. Kornelkirschen eine halbe Stunde kochen, in ein Sieb geben und den Saft ausdrücken. Diesen süßen und wegen der kurzen Haltbarkeit bald verbrauchen.
- Heidelbeerkompott: Ein Kilo Heidelbeeren, 300 Gramm brauner Zucker. Die gut verlesenen Heidelbeeren im Topf mit Zucker vermischen und eine Stunde ziehen lassen. Dann mit einem Liter Wasser aufgießen und drei Minuten kochen. Tipp: Besonders gut schmeckt Vanilleeis mit heißem Heidelbeerkompott.

EBERESCHE
(Sorbus aucuparia)
[KÜCHENVERWENDUNG]
Gelee, Marmelade, Saft

GEWÖHNLICHE BERBERITZE
(Berberis vulgaris)
[KÜCHENVERWENDUNG]
Gelee, Kompott, Marmelade

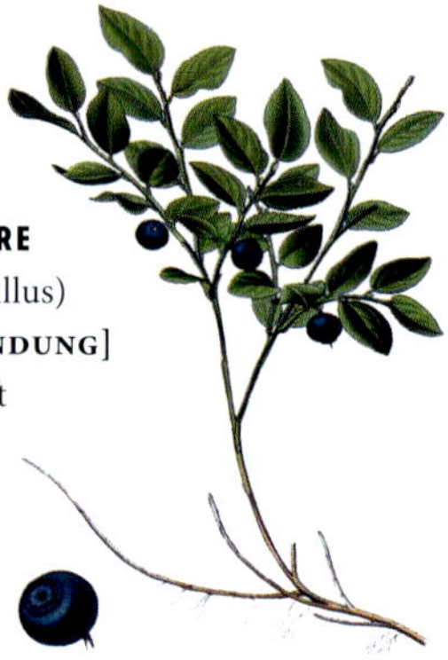

HEIDELBEERE
(Vaccinium myrtillus)
[KÜCHENVERWENDUNG]
Kompott, Marmelade, Saft

HIMBEERE
(Rubus idaeus)
[KÜCHENVERWENDUNG]
Gelee, Marmelade, Saft

HUNDS-ROSE

(Rosa canina)
[KÜCHENVERWENDUNG]
Fruchtmus, Tee, Wein

KORNELKIRSCHE

(Cornus mas)
[KÜCHENVERWENDUNG]
Gelee, Marmelade, Saft

SANDDORN

(Hippophae rhamnoides)
[KÜCHENVERWENDUNG]
Gelee, Kompott, Saft

WALD-ERDBEERE

(Fragaria vesca)
[KÜCHENVERWENDUNG]
Bowle, Kompott, Marmelade

STUTZENKAMP
KATHARINA-JACOB-WEG
WIGANDWEG
RATHBUSCH
KLOTZENMOOR
GROSSER MOORTEICH
ALSTERKRUGCHAUSSEE
RATHENAUSTRASSE
BORSTELER CHAUSSEE
BEBELALLEE
INSELSTRASSE
B433
NABU-TAFEL
BUS
BUS
ALSTERDORFER STRASSE
NEDDERFELD

EPPENDORFER MOOR

Das Eppendorfer Moor ist ein kleiner Rest der nach der letzten Eiszeit auf der Terrassenkante des Alsterlaufs entstandenen ausgedehnten Moorflächen. Es besteht aus einem zentralen Niedermoorbereich, der von Bruchwald, Mischwald und Laubwald umgeben ist. Nicht nur heute ist dieses Naturschutzgebiet dem Einfluss des Menschen ausgesetzt: Umweltgifte, Verkehrslärm, Nutzung als Erholungs- und Freizeitgebiet. Schon im Mittelalter wurden durch zunehmende Urbanisierung biologisch wertvolle Flächen für die Bebauung oder zur landwirtschaftlichen Nutzung entwässert und abgetorft. 1948 bis 1950 wurde aufgeforstet und später bei der Kanalisierung der Alster und dem Ausbau der Alsterkrugchaussee das Grundwasser abgesenkt. Dadurch verschwanden viele Licht und Feuchtigkeit liebende Pflanzen. Weil es sehr klein und großenteils von viel befahrenen Straßen sowie dicht bebauten Wohngebieten umgeben ist, lässt sich der ursprüngliche Zustand des Eppendorfer Moores nicht wiederherstellen. Der Naturschutz konzentriert sich deshalb auf den Erhalt der heutigen Biotope.

Das Naturschutzgebiet Eppendorfer Moor liegt relativ zentrumsnah im Stadtteil Groß Borstel. U-Bahn (U1) bis Lattenkamp, von dort mit der Buslinie 114 bis Rosenbrook oder mit der Buslinie 292 bis Alsterkrugchaussee 244. Parkmöglichkeiten in den Straßen Klotzenmoor und Alsterkrugchaussee.

EBERESCHE UND WASSERFEDER

Eine kleine verwunschene Moorlandschaft mit vielen Pflanzen und Tieren, nicht weit vom Zentrum der Millionenstadt Hamburg entfernt: Das ist schon etwas Besonderes. Das Eppendorfer Moor lohnt das ganze Jahr über einen Besuch. Besonders schön ist es im Frühling. Dann erfreuen uns die blühenden Weiden, die leuchtend gelben Sumpf-Schwertlilien und die weißen Blütenteppiche der zarten Wasserfeder. Vor dem Zweiten Weltkrieg, als das Eppendorfer Moor noch nicht mit Bäumen bewachsen war, galt es unter Pflanzenfreunden als botanisches Highlight. Viele Seltenheiten wurden dort entdeckt. Etwa die Blasenbinse, der Gewöhnliche Sumpfbärlapp oder die Sumpf-Ständelwurz, eine Orchideenart. Weiter spürten die Botaniker alle drei Arten des einheimischen Sonnentaus auf. Sie heißen Rundblättriger-, Langblättriger- und Mittlerer Sonnentau. Der Sonnentau ist eine fleischfressende Pflanze, die mit klebrigen Tentakeln auf ihren Blättern Fliegen und andere Insekten fängt. Im Laufe der Jahre gingen leider die meisten der seltenen Pflanzen verloren. Und so fasste der Naturwissenschaftliche Verein in Hamburg, der das Eppendorfer Moor von 1905 bis 1908 genau untersuchte, seine Ergebnisse in einem »Nekrolog« zusammen. Seltenheiten gibt es im Eppendorfer Moor heute kaum noch. Trotzdem wird der botanisch Interessierte bei seinem

EBERESCHE (Sorbus aucuparia) [**BLÜTE**] Die weißen Blüten sind zwittrig und erscheinen in breiten, flachen Rispen. [**BLÜTEZEIT**] Mai bis Juni. [**BLATT**] Das Blatt ist unpaarig gefiedert. Die einzelnen Fiederblättchen sind am Rand gezähnt. [**VORKOMMEN**] Wälder, Parks, Friedhöfe und Gärten. [**WISSENSWERTES**] Über sechzig Vogelarten verzehren die roten Früchte der Eberesche. Dabei scheiden sie die Samen wieder aus und sorgen so für die Verbreitung dieser Pflanze. Botanisch gesehen sind die Vogelbeeren gar keine Beeren, sondern kleine Apfelfrüchte. Sie enthalten viel Vitamin C. Auch im Herbst bietet die Eberesche mit ihren gelb, orangefarben oder feuerrot gefärbten Blättern einen schönen Anblick.

Eberesche

Spaziergang durch dieses kleine Stückchen Natur bestimmt auf seine Kosten kommen.

Es ist ein sonniger Frühlingstag. Bei der großen NABU-Tafel beginnt der Hauptweg in das Naturschutzgebiet. Er wird von den ausladenden Kronen alter Bäume beschattet und lässt uns ganz schnell den Verkehrslärm auf der Alsterkrugchaussee vergessen. Wir gehen unter dem grünen Blätterdach von Ahornen, Birken, Linden, Pappeln und anderen Laubbäumen. Hier wächst ein Haselstrauch, dort ein Hartriegel oder ein Holunder. Am Wegesrand sehen wir Brennnesseln, Brombeeren und immer wieder das Kleine Springkraut. Diese Pflanze ist in den Gebirgen Zentralasiens zu Hause. Doch mittlerweile hat sie sich als sogenannter Neophyt auch bei uns angesiedelt. Berührt man die reifen Fruchtkapseln des gelbblühenden Springkrauts, springen sie auf und schleudern die Samenkörner heraus.

Bei einer Bank geht es nach links. Ein Zitronenfalter fliegt über unseren Weg. Rotkehlchen und Amsel singen ihre schönen Lieder. Sie freuen sich sicher schon auf die Vogelbeeren, die leuchtend roten Früchte der **EBERESCHE**, vor der wir jetzt stehen. Im Moment ist der Baum noch voller weißer Blüten. Sie dienen Bienen, Fliegen und anderen Insekten als Nektarquelle. Die Früchte reifen erst ab dem August. Nicht nur Vögel wissen sie zu schätzen, wie der volkstümliche Name »Drosselbeere« zeigt, auch bei manchem Säugetier wie dem Eichhörnchen oder dem Siebenschläfer stehen sie auf dem Speisezettel. Wir können Vogelbeeren zwar essen, aber auf keinen Fall roh, da sie die bittere Parasorbinsäure enthalten, die zu Magenverstimmungen und Durchfall führen kann. Beim Kochen wandelt

Vogelbeeren

sich diese Verbindung allerdings in Sorbinsäure um, die wir vertragen. Dann können wir eine leckere Marmelade und sogar einen Schnaps aus den Vogelbeeren machen.

Langsam nähern wir uns dem wertvollsten Teil des Naturschutzgebiets, dem zentralen Niedermoor. Dort soll jetzt auch die Wasserfeder blühen. Vielleicht haben wir ja das Glück, sie zu sehen. Jetzt schauen wir aber erst einmal auf einen blühenden Weißdorn. Er ist bei den Tieren sehr beliebt. Vögel fühlen sich zwischen seinen dornigen Zweigen gut vor Feinden wie freilaufenden Katzen geschützt. Vielen Insekten bietet der Baum Nahrung. So fressen die Raupen mehrerer Schmetterlingsarten von seinen Blättern. Die Früchte des Weißdorns sind essbar, schmecken aber mehlig. Sie lassen sich zu Kompott und Gelee verarbeiten. Weißdornextrakte können bei leichter Herzschwäche die ärztliche Therapie unterstützen und das Befinden bessern.

Bei der nächsten Abzweigung halten wir uns rechts. Am Boden sucht ein kleiner Zaunkönig nach Insekten und Spinnen. Dann fliegt er auf einen Buchenzweig und schmettert dort laut sein Lied. Vorbei an Brombeergestrüpp und einzelnen Himbeerpflanzen gehen wir weiter in Richtung des großen Moorteichs. Rechts vom Weg liegt eine alte, umgestürzte **MOOR-BIRKE**. Ihr großer Wurzelteller ist dicht mit Brombeeren überwuchert. Da wir uns in einem Naturschutzgebiet befinden und nicht in einem monotonen Wirtschaftswald, darf dieser Baum einfach liegen bleiben. Sein Totholz ist nämlich ein wichtiger Lebensraum für viele Pflanzen und Tiere. Pilze, Flechten und Moose siedeln sich an, und Insekten wie etwa Käfer und Ameisen finden hier eine neue Heimat. Wie ihr Name schon sagt, wächst die Moor-Birke gern auf feuchten Böden und ist deshalb hier im Eppendorfer Moor in zahlreichen Exemplaren vertreten.

Das biegsame und elastische Holz dieses Baums ist sehr beliebt in der Möbelindustrie. Es wird beispielsweise für die Herstellung von Furnieren verwendet.

Unser Weg führt jetzt um den großen Moorteich herum. Eine Maus flitzt auf dem Boden. Wahrscheinlich war es eine Rötelmaus. Die ist nämlich auch am Tage aktiv. Auf einer Birke zeigt ein Eichhörnchen seine Kletterkünste. Da es keinen Winterschlaf hält, legt es im Herbst Vorräte für die kalte Jahreszeit an. Dazu vergräbt das Eichkätzchen an verschiedenen Stellen Haselnüsse, Eicheln und anderes Futter. Dank seines guten Geruchssinns findet es später einige Verstecke wieder. Andere aber hat es vergessen. Und das ist gut so, denn daraus können im nächsten Frühjahr neue Bäume keimen. Jetzt erreichen wir eine Beobachtungskanzel und genießen den Blick in die Moorlandschaft. Auf den Inseln im großen Teich blühen die Grau-Weiden, und am Ufer leuchten die gelben

Moor-Birke

MOOR-BIRKE (Betula pubescens) [**BLÜTE**] Männliche und weibliche Blütenstände (Kätzchen) befinden sich auf demselben Baum. [**BLÜTEZEIT**] April bis Mai. [**BLATT**] Eiförmig, kurz zugespitzt, gesägter Blattrand. [**VORKOMMEN**] Vorzugsweise in Mooren und an anderen feuchten Standorten, manchmal auch in Gärten. [**WISSENSWERTES**] Das ungemaserte Holz der Moor-Birke wird für Drechsler- und Schnitzarbeiten genutzt. Aus den getrockneten Blättern gewinnt man einen Tee, der bei Gicht und Rheuma helfen soll. Der im Frühling aus der Moor-Birke gewonnene Saft wird gegen Haarausfall verwendet.

Sumpf-Schwertlilie

Blüten der **SUMPF-SCHWERTLILIE.** Sie wird auch Gelbe Schwertlilie oder Wasser-Schwertlilie genannt. Wie sein Name schon sagt, liebt dieses gelbblühende Liliengewächs feuchte Standorte und besitzt schmale lange Blätter, die wie eine Schwertklinge geformt sind. Die Blätter treiben jedes Jahr aus einem im schlammigen Untergrund lebenden Rhizom aus. Ein Rhizom ist ein meist im Boden waagerecht kriechender Spross, von dem zahlreiche Wurzeln ausgehen. Es dient auch als Überwinterungsorgan. Weitere Pflanzen mit Rhizomen sind beispielsweise der Giersch, das Buschwindröschen und das Maiglöckchen. Es gibt auch ein Rhizom, das wir essen können. Es stammt vom Ingwer. Das Rhizom der unter Naturschutz stehenden Sumpf-Schwertlilie enthält viele Gerbstoffe und wurde deshalb früher zum Gerben von Tierhäuten genutzt.

Es wird immer uriger auf unserem Spaziergang. Hier im schattigen Bruchwald können wir uns nur schwer vorstel-

SUMPF-SCHWERTLILIE (Iris pseudacorus) [BLÜTE] Gelb, zwittrig, mit jeweils drei Dom- und Hängeblättern. Letztere sind in der Mitte von purpurfarbenen Adern durchzogen. [BLÜTEZEIT] Mai bis Juni. [BLATT] Das graugrüne, schwertförmige Blatt besitzt eine ausgeprägte Mittelrippe und kann bis zu einem Meter lang werden. [VORKOMMEN] Ufer und Verlandungszonen stehender und fließender Gewässer. Niedermoore und Bruchwälder, Gartenteiche. [WISSENSWERTES] Die Sumpf-Schwertlilie ist in allen Teilen giftig. Am giftigsten ist ihr Rhizom. Die Hauptbestäuber dieser Pflanze sind Hummeln und Schwebfliegen. Nach der Bestäubung bildet die Sumpf-Schwertlilie zylindrische Kapselfrüchte mit je drei Kammern. Die vielen schwimmfähigen Samen können einige Jahre im Wasser oder Schlamm überdauern. Ein Schädling ist der Schwertlilienrüssler, eine Käferart. Er deponiert seine Eier in die noch jungen Kapseln. Hier fressen die Käferlarven von den Samen. Im Spätsommer verlässt dann der Käfernachwuchs die reifen Früchte, indem er Löcher in die Fruchtwände bohrt.

len, mitten in Hamburg zu sein. Abgebrochene Weidenäste liegen im dunklen Moorwasser wild durcheinander. Sie sind dicht mit Moos bewachsen. Einige Sumpffarne sind zu sehen, und auf dem Stamm einer Pappel entdecken wir Flechten. Eine Flechte ist eine Symbiose, also eine Lebensgemeinschaft, zwischen einer Alge und einem Pilz. Dabei ziehen beide Partner einen Nutzen aus dieser Verbindung. Die Alge liefert Zucker aus ihrer Photosynthese und bekommt dafür vom Pilz Wasser und Nährsalze. Jetzt hören wir einen Kleinen Wasserfrosch quaken und sehen ihn auch schon. Gut sind seine seitlich am Kopf sitzenden, weißlichen Schallblasen zu erkennen. Nur das Männchen besitzt diese dehnbaren, dünnen Ausstülpungen der Haut. Es will mit seinen weithin hörbaren Rufen ein paarungsbereites Weibchen anlocken. Als wir vor einem **FAULBAUM** stehen, fällt unser Blick zufällig auf eine grüne Raupe. Das muss die Raupe des Zitronenfalters sein, einem der ersten Frühlingsboten. Sie ruht auf der Mittelrippe der Blattoberseite und ist dort gut getarnt. Seinen Namen verdankt der Strauch

Faulbaum

FAULBAUM (Frangula alnus) [**BLÜTE**] Zwittrig. Die trugdoldigen Blütenstände bestehen aus zwei bis zehn grünlichweißen Einzelblüten. [**BLÜTEZEIT**] Juni bis September. [**BLATT**] Das ovale, zum Ende spitz zulaufende Blatt ist ganzrandig. [**VORKOMMEN**] Moore, Erlenbrüche, Auwälder, im Garten auf feuchtem Boden. [**WISSENSWERTES**] Der Faulbaum wird auch »Pulverholz« genannt, weil die Holzkohle, die man früher aus ihm gewann, für die Herstellung von Schießpulver verwendet wurde. Aufgrund der besonders langen Blütezeit sind am Faulbaum Blüten und reifende Früchte gleichzeitig zu sehen. Die kleinen Steinfrüchte sind ungenießbar. Auch Rinde und Blätter sind leicht giftig.

Schwarz-Erle (Blütenstände)

dem leichten Fäulnisgeruch seiner Rinde, der ihn vor dem Verbiss von Rehen und anderem Wild schützt. Unser Faulbaum fängt gerade an zu blühen. Von den unscheinbaren weißlichgrünen Blüten profitieren viele Insektenarten wie etwa Bienen, Hummeln und Käfer. Die kleinen, zunächst grün-, dann rot- und ab Ende August schwarz gefärbten Steinfrüchte schmecken Wacholderdrosseln und anderen Vögeln. Später scheiden sie die unverdaulichen Samen wieder aus und sorgen so für die Verbreitung des Faulbaums.

Zwischendurch bietet sich ein schöner Blick auf den großen Moorteich. Ein Graureiher steht am Ufer einer kleinen Insel, auf dem abgestorbenen Ast einer Grau-Weide sitzt ein Kormoran, und ein Eisvogel flitzt über das Wasser. Dort schwimmen auch Stockenten, Blässhühner und zwei Haubentaucher. Jetzt sehen wir noch eine Graugans, die gerade ins Wasser will. Doch es kommen noch mehr ihrer Artgenossen. Sechs, schon ziemlich große Junge watscheln im Gänsemarsch hinterher, gefolgt vom zweiten Elternteil. Wer von den Eltern der Ganter ist, können wir nicht sagen, da beide gleich aussehen. Die Gänsefamilie schwimmt in Richtung der vor

SCHWARZ-ERLE (Alnus glutinosa) [**BLÜTE**] Männliche und weibliche Blütenstände (Kätzchen) befinden sich auf demselben Baum. [**BLÜTEZEIT**] März bis April. [**BLATT**] Das rundliche bis eiförmige Blatt ist am Rand gesägt. Es besitzt eine glänzend-dunkelgrüne Oberseite. [**VORKOMMEN**] Moore, Sümpfe, Bruchwälder und andere feuchte und nasse Standorte. Auch in Parkanlagen. [**WISSENSWERTES**] Das Holz der Schwarz-Erle ist auch unter Wasser sehr haltbar. Das wussten schon vor mehr als viertausend Jahren die Erbauer der Pfahlbauten am Bodensee. Auch Venedig steht zum Teil auf den stabilen Pfählen der Schwarz-Erle. Heute nutzt man das Erlenholz unter anderem in der Kunst- und Möbeltischlerei sowie zur Herstellung von Bürsten und Bleistiften.

uns liegenden Insel. Dort befindet sich wahrscheinlich ihr gut vor Menschen und Hunden geschütztes Nest. Nun kommt noch eine Libelle angeflogen. Ihr Hinterleib ist abgeflacht und blau. Es muss sich also um einen männlichen Plattbauch handeln. Im nächsten Moment setzt sich die schöne Libelle auf das Blatt einer besonders hohen **SCHWARZ-ERLE**, das in der Morgensonne richtig glänzt. Dieser feuchtigkeitsliebende Laubbaum besitzt eine schwärzliche, schuppige Borke. Man verwendete sie früher zum Schwärzen von Leder. Daher kommt wohl der Name der Schwarz-Erle. An den Stielen sehen wir viele längliche Kätzchen. Das sind die männlichen Blütenstände. Wie Hasel- und Birkenpollen kann auch der Pollen der Schwarz-Erle bei manchen Menschen eine Allergie auslösen. Das frisch geschlagene Holz dieses Baums besitzt eine rötliche Färbung. Diese galt den Germanen als Sinnbild des Bösen. Auch weil die Schwarz-Erle häufig in Sümpfen und anderen unwirtlichen Gegenden wächst, war sie in früheren Zeiten vielen Menschen nicht ganz geheuer. Sie glaubten, dass dieser Baum Wohnsitz der Moorhexe sei, die sie in den sumpfigen Morast hinabziehen wolle.

Auf unserem weiteren Weg entdecken wir mehrere kleine Gallen auf dem Blatt einer anderen Schwarz-Erle. Welches Tier sie verursacht hat, ist nicht leicht zu sagen. Vielleicht war es eine Gallmilbe? Zwischen den vielen Moor-Birken sind auch immer mal wieder Hänge-Birken zu sehen. Diese beiden Baumarten unterscheiden sich unter anderem durch ihre Borke. Bei der Moor-Birke ist sie glatt und schmutzigweiß, bei der Hänge-Birke tief gefurcht mit weißen Platten. Jetzt stehen wir auf einer weiteren Beobachtungskanzel. Sehen können wir allerdings nur wenig, da sie ganz vom Japani-

Schwarz-Erle (Blätter und Fruchtstände)

schen Staudenknöterich zugewachsen ist. Dieses aus Asien eingeführte Gewächs, also ein Neophyt, wuchert sehr stark und nimmt anderen Pflanzen das Licht. Seine Bekämpfung ist sehr mühsam und muss regelmäßig wiederholt werden.

Vorbei an einigen bunt blühenden Schrebergärten am Westrand des Eppendorfer Moores geht es jetzt nach links durch dunklen Laubwald. Langsam wird es heller, und wir gelangen wieder an den großen Moorteich. Hier am Uferbereich können wir uns nun tatsächlich an den weißen Blütenteppichen der zarten **WASSERFEDER** erfreuen. Diese wasserliebende Pflanze gehört zur Familie der Primelgewächse. Daher kommt auch ihr zweiter Name »Wasserprimel«. Die Wasserfeder wurzelt im schlammigen Grund. Ihre Blütenstände ragen aus dem Wasser, während ihre kammförmig gefiederten Blätter unter Wasser getaucht sind. Durch die Fiederung besitzen die Blätter eine größere Oberfläche und können so gut die im Wasser gelösten Salze und Gase aufnehmen. Jetzt kommt eine Schwebfliege und besucht eine der vielen weißen Blüten. Sie bleibt kurz und fliegt dann zu einer weiteren Blüte. Vielleicht hat sie Pollen mitgebracht, den sie nun auf die Narbe überträgt.

Wasserfeder

WASSERFEDER (Hottonia palustris) [**BLÜTE**] Die zwittrigen, weiß bis zartrosa gefärbten Blüten besitzen einen gelben Schlund. Sie sind in Quirlen angeordnet, die in mehreren Etagen übereinanderstehen. [**BLÜTEZEIT**] Mai bis Juli. [**BLATT**] Kammförmig gefiedert. [**VORKOMMEN**] Moorseen, Tümpel, Gräben, auch Gartenteiche. [**WISSENSWERTES**] Die Wasserfeder übersteht meist das Einfrieren von winterlichen Gewässern. Nach dem Bundesnaturschutzgesetz ist sie »besonders geschützt« und darf deshalb nicht aus der Natur entnommen werden.

Bevor wir unseren Rundgang beenden, werfen wir noch einen letzten Blick auf das Moorwasser: Im Hintergrund Weidengebüsch, davor Schilfröhricht mit einzelnen Sumpfschwertlilien und in Ufernähe der Teppich zartblühender Wasserfedern.

HINWEISE

➜ *Im Frühjahr veranstaltet der NABU vogelkundliche Kurzwanderungen, auf denen auch auf die eine oder andere Pflanze eingegangen wird. Während speziellen Moor-Aktionswochen bietet er Vorträge und Exkursionen an. Information: www.hamburg.nabu.de, Telefon (040) 697 08 90.* ➜ *Von drei Aussichtskanzeln rund um den großen Moorteich hat man gute Einblicke in den zentralen Bereich des Naturschutzgebiets.*

EIGENE BEOBACHTUNGEN

FRÜHBLÜHER – ERSTE FRÜHLINGSBOTEN

Liegt da etwa noch Schnee? Aber nein! Es sind die ausgedehnten Blütenteppiche der Buschwindröschen, die Winter vorgaukeln. Der Frühling kommt mit Macht. Unter den noch unbelaubten Bäumen und Sträuchern regt sich neues Leben und bringt wieder Farbe in die Natur. Das Herz des Pflanzenfreunds schlägt höher beim Anblick des gelbblühenden Scharbockskrauts, des blauen Leberblümchens, des violetten Waldveilchens und des grünen Moschuskrauts. Auch die weißen und purpurnen Blüten des Hohlen Lerchensporns machen Freude.

Die Vegetationsperiode dieser zarten Frühlingsboten währt allerdings nicht lange. Schon im Februar treiben manche von ihnen aus, etwa das Schneeglöckchen, der Winterling oder der Märzenbecher. Aber bereits im Mai sind bei vielen Arten die oberirdischen Teile verblüht und verwelkt. Dann schmücken sich nämlich Bäume und Sträucher mit neuem Grün, und das allmählich dichter werdende Blätterdach lässt nur noch wenig Sonnenstrahlen bis zum Boden vordringen. Den lichtliebenden Frühblühern steht nun nicht mehr ausreichend Sonnenenergie für die Photosynthese zur Verfügung. Der Aufbau lebenswichtiger organischer Stoffe wie Kohlenhydrate, Eiweiße und Fette wird verlangsamt und schließlich ganz eingestellt: Die Pflanzen verblühen.

Indem Buschwindröschen und andere Frühblüher das schmale Zeitfenster vor der Belaubung für Wachstum und Entwicklung nutzen, vermeiden sie, beim Kampf ums Licht den Bäumen und Sträuchern zu unterliegen. Der Anteil des Sonnenlichts, der bis zur Krautschicht gelangt, ist vor der Laubentfaltung ziemlich groß. Er beträgt rund fünfzig Prozent der Gesamteinstrahlung. Wegen ihrer dunkleren Farbtönung absorbiert die auf dem Park- und Waldboden angesammelte Laubstreu die Sonnenwärme recht gut, sodass ihre Temperatur je nach Witterungsbedingungen auf dreißig bis vierzig Grad Celsius ansteigt. Das beschleunigt die Stoffwechselvorgänge, was ebenfalls den früh einsetzenden Wachstumsschub und das schnelle Erblühen und Fruchten der krautigen Frühlingsblumen begünstigt. Manche Frühblüher wie Kriechender Günsel, Waldmeister, Wald-Bingelkraut und Lungenkraut behalten ihre Blätter auch später im Schatten des belaubten Waldes bei. Dann beträgt der Anteil des bis zur Krautschicht dringenden Sonnenlichts nur noch rund zwei Prozent der Gesamteinstrahlung. Diese Pflanzen stellen ihren Stoffwechsel entsprechend um und können auch in der lichtarmen Zeit ausreichend Photosynthese betreiben. Optimal angepasst an die besonderen Bedingungen im zeitigen Frühjahr sind die sogenannten Geophyten, zu Deutsch »Erdpflanzen«. Sie besitzen unterirdische Speicher- und Erneuerungsorgane, in denen sie im Laufe der letzten Vegetationsperiode Nährstoffe angesammelt haben. So können diese Pflanzen Jahreszeiten mit ungünstigen Klimabedingungen im Boden überdauern, ohne dass Lichtmangel, Trockenheit oder extreme Temperaturen sie das Leben kosten. Die in Wurzelstöcken, Knollen oder Zwiebeln gespeicherten Vorratsstoffe, vor allem das Kohlenhydrat Stärke, geben diesen Frühblühern die Kraft, im Frühling rasch aus dem Boden zu sprießen und genügend Blätter für die Photosynthese zu bilden. Mit einsetzender Belaubung und damit verbundener Beschattung des Bodens geben die Geophyten ihre oberirdischen Teile auf und existieren im Boden weiter. Nicht aber ohne ihre Speicherorgane zuvor erneut mit Vorräten für die kommende Saison gefüllt zu haben. Frühblüher mit Speicherorganen sind beispielsweise Leberblümchen und Buschwindröschen mit ihren Wurzelstöcken, Hohler Lerchensporn und Scharbockskraut mit Knollen sowie Schneeglöckchen und Bärlauch mit ihren Zwiebeln.

BUSCHWINDRÖSCHEN

(Anemone nemorosa)

[BLÜTEZEIT] März bis Mai

GEFLECKTES LUNGENKRAUT

(Pulmonaria officinalis)

[BLÜTEZEIT] März bis Mai

KRIECHENDER GÜNSEL

(Ajuga reptans)

[BLÜTEZEIT] Mai bis August

LEBERBLÜMCHEN

(Hepatica nobilis)

[BLÜTEZEIT] März bis April

MÄRZENBECHER

(Leucojum vernum)

[BLÜTEZEIT] Februar bis März

SCHARBOCKSKRAUT

(Ficaria verna)

[BLÜTEZEIT] März bis Mai

SCHNEEGLÖCKCHEN

(Galanthus nivalis)

[BLÜTEZEIT] Februar bis März

WALDMEISTER

(Galium odoratum)

[BLÜTEZEIT] Mai bis Juni

WINTERLING

(Eranthis hyemalis)

[BLÜTEZEIT] Februar bis April

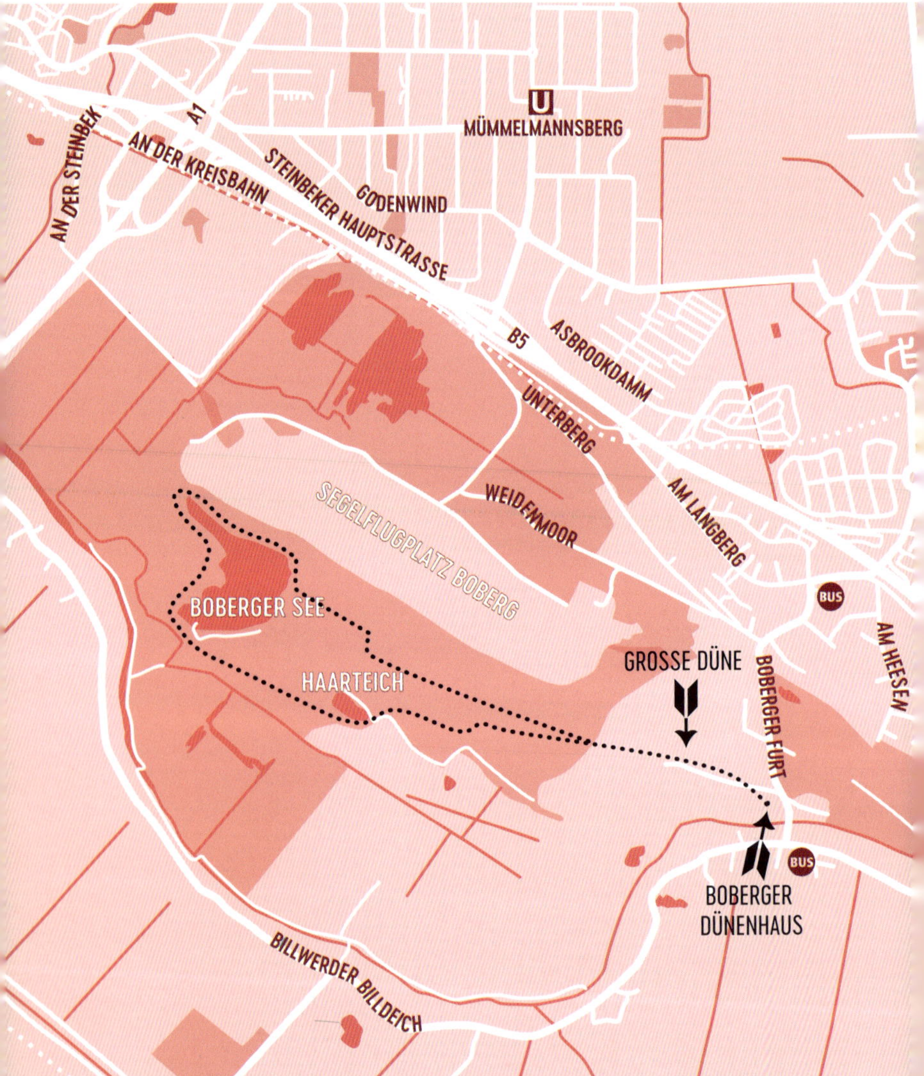

MÜMMELMANNSBERG
A1
AN DER STEINBEK
AN DER KREISBAHN
STEINBEKER HAUPTSTRASSE
GODENWIND
B5
ASBROOKDAMM
UNTERBERG
AM LANGBERG
WEIDENMOOR
SEGELFLUGPLATZ BOBERG
BOBERGER SEE
HAARTEICH
GROSSE DÜNE
BOBERGER FURT
AM HEESEN
BUS
BUS
BOBERGER DÜNENHAUS
BILLWERDER BILLDEICH

BOBERGER NIEDERUNG

Wer auf der großen Boberger Düne steht, könnte sich an die Nordsee versetzt fühlen. Das Meeresrauschen fehlt allerdings in diesem zwischen Bergedorf und Billwerder gelegenen Gebiet. Eiszeiten haben hier ihre Spuren hinterlassen. Heute finden sich nur noch Reste der ehemals ausgedehnten Binnendünenlandschaft. Seit 1840 wurden die meisten der bis zu dreißig Meter hohen Dünen abgetragen. Unmengen von Sand benötigte man für die Aufschüttung der Bahntrasse Hamburg–Bergedorf sowie später der Stadtteile Hammerbrook und Billbrook. Die große Boberger Düne ist Teil der Boberger Niederung, eines Mosaiks unterschiedlichster Biotope mit artenreicher Tier- und Pflanzenwelt: Heideflecken, Trockenrasen, Eichen-Birken-Waldungen, Erlenbruchwald, Niedermoore, Gewässer, Wiesen und Weiden.

SAND-SEGGE UND JOHANNISKRAUT

Wie wohl die große Boberger Wanderdüne aus der Vogelperspektive des Segelfliegers aussieht, der vom Segelflugplatz Boberg aufgestiegen ist und in der Thermik seine Kreise zieht? Dem Wanderer mag das Sandgebir-

Das Naturschutzgebiet Boberger Niederung liegt im Südosten Hamburgs, südlich der B5. U-Bahn (U2) bis Mümmelmannsberg. Weiter mit der Buslinie 12 bis zur Haltestelle Schulredder. Von dort fünfzehn Minuten Fußweg über Schulredder und Boberger Furt zum Boberger Dünenhaus. S-Bahn (S2, S21) bis Mittlerer Landweg, von dort mit der Buslinie 221 bis zum Boberger Furtweg. Nach rund hundert Metern erreicht man das Boberger Dünenhaus. Parkplatz an der Boberger Furt, rund 150 Meter vom Boberger Dünenhaus entfernt.

ge zunächst als lebensfeindliche Wüste erscheinen. Nur spärlich ist der Dünensand von Birken, Heide, Sandsegge, Silbergras und Strandhafer bewachsen. Man weiß jedoch, dass hier eine Vielzahl von Insektenarten zu finden ist, die gut an die Trockenheit und die starken Temperaturunterschiede durch Aufheizung am Tage und Abkühlung in der Nacht angepasst sind. So leben hier Wärmeliebhaber wie Sandwespe, Wegwespe, Sandbiene, Sandlaufkäfer und Ameisenlöwe. Im Trockenrasen am Dünenrand kommen seltene Heuschreckenarten wie der Warzenbeißer und die Blauflügelige Ödlandschrecke vor. Auch die weiteren Teile der Boberger Niederung sind biologisch sehr interessant: Insgesamt 700 Pflanzenarten wurden gezählt, darunter Trockenrasenbewohner wie das Berg-Sandglöckchen und das Kleine Habichtskraut, oder Pflanzen feuchterer Standorte wie die Glockenheide und der Baldrian. Im östlichen Teil der Boberger Niederung, auf den Terrassen aus der Zeit des Tonabbaus, wachsen sogar seltene Orchideen wie die Sumpf-Ständelwurz und das Breitblättrige Knabenkraut. Heute, an diesem heißen Sommertag, wollen wir erkunden, was in der Boberger Niederung so alles wächst. Los geht's beim Boberger Dünenhaus. Ein paar Schritte bringen uns zum steinigen Sandweg, der von der Boberger Furt wegführt. An einem Roggenfeld vorbei gehen wir nach rechts einen leicht ansteigenden grasigen Weg hinauf. Hier blühen Wiesen-Schafgarbe, Acker-Winde und Berg-Sandglöckchen, ein Glockenblumengewächs. Oben angelangt, haben wir einen schönen Blick auf die wellige Dünenlandschaft. Der nach Westen führende Weg am Dünenrand entlang ist zur Düne

SAND-SEGGE (Carex arenaria) [**BLÜTE**] Blütenstand mit weiblichen und männlichen Ährchen. [**BLÜTEZEIT**] Mai bis Juli. [**BLATT**] Die starren, rinnigen Blätter sind blaugrün und wachsen steif aufrecht. [**VORKOMMEN**] Auf sandigen Böden und Dünen. Neben der Boberger Niederung beispielsweise auch in den Naturschutzgebieten Wittenbergen und Mühlenberger Loch/Neßsand. [**WISSENSWERTES**] Der zerriebene, duftende Wurzelstock soll dem Volksglauben nach bei Rheuma, Gicht und Hautleiden helfen.

hin durch einen niedrigen Zaun begrenzt. Der Sinn dieser Absperrung ist es, das empfindliche Biotop vor dem Betreten zu schützen. So ortsfest wie die Sandmassen der Düne wirken, sind sie doch immer wieder in Bewegung. Wind weht Sandkörner auf und trägt sie ein Stück fort. So wandert die Düne im Jahr etwa zehn Zentimeter nach Nordosten, weil bei uns Südwest-Winde vorherrschen. Die Birken am Nordrand der Düne »ertrinken« deshalb allmählich im Sand. Um die Wanderung der Düne zu verlangsamen, hat man schon vor mehr als hundert Jahren an manchen Stellen den sonst an der See heimischen Strandhafer angepflanzt, dessen Wurzelwerk den Sand besonders gut festhält. Nach einigen Schritten entdecken wir noch eine Pflanze, die der Befestigung des Dünensandes dient: die **SAND-SEGGE**. Sie wächst in sehr auffälliger Formation. Wie Soldaten in einer Reihe ragen die Blätter und Halme dieses Grases aus dem sandigen Boden, was ihm auch den Namen »Soldatengras« eingetragen hat. Doch wie kommt es zu dieser schnurgeraden Anordnung? Die Sand-Segge besitzt ein im Boden bis zu vier Meter weit kriechendes Rhizom mit längeren Haftwurzeln, die für einen guten Halt im Sand sorgen. Die Pflanze bildet auch unterirdische Ausläufer, die bis zu zehn Meter lang werden können. In regelmäßigen Abständen schicken diese Ausläufer neue Sprossen zum Licht. Schauen wir uns die vielen Reihen der Sand-Segge an, sieht es so aus, als hätte der liebe Gott den Dünensand »zugenäht«. Deshalb nennt man diese Gattung der Segge im Volksmund auch »Nähmaschine Gottes«. Unser von lockerer Vegetation gesäumter Weg führt noch weiter am südlichen Dünenrand entlang. Hier und da blüht schon die Besenheide. Sie heißt so, weil sie einst tatsächlich zur Herstellung von Besen verwendet

Sand-Segge

wurde. Auf dem hellen Dünensand entdecken wir einige braun gefärbte Stellen. Das ist der sogenannte Heidepodsol. Dieser Boden konnte sich nur unter Heidepflanzen gebildet haben. Also musste die Düne in früheren Zeiten noch stärker mit der Besenheide bewachsen gewesen sein. Im Sand sehen wir den Fangtrichter eines Ameisenlöwen. Dieses räuberisch lebende Insekt wartet an seinem Grunde darauf, dass eine Ameise oder ein anderes Beutetier nach unten rutscht. Jetzt fällt unser Blick auf die gelben Blüten des **KLEINEN HABICHTSKRAUTS**. Jede Pflanze besteht aus einer Blattrosette und einem Stiel mit Blüte. Der Stiel und die Blütenhüllblätter sind graufilzig behaart, genau wie die Unterseiten der Blätter. Diese zu den Korbblütlern gehörende Pflanze ist gut an den sonnigen und trockenen Standort hier auf der Düne angepasst. Scheint die Sonne zu kräftig, rollen sich die Blätter so zusammen, dass die helle Unterseite nach außen weist. Jetzt kann das Kleine Habichtskraut die heißen Sonnenstrahlen reflektieren und so eine zu starke Aufheizung verhindern. Diese Pflanze vermehrt sich vegetativ durch oberirdische Ausläufer mit Tochterrosetten und breitet sich deshalb schnell aus. Ein anderer Name für das Kleine Habichtskrau ist »Mausohr-Habichtskraut«.

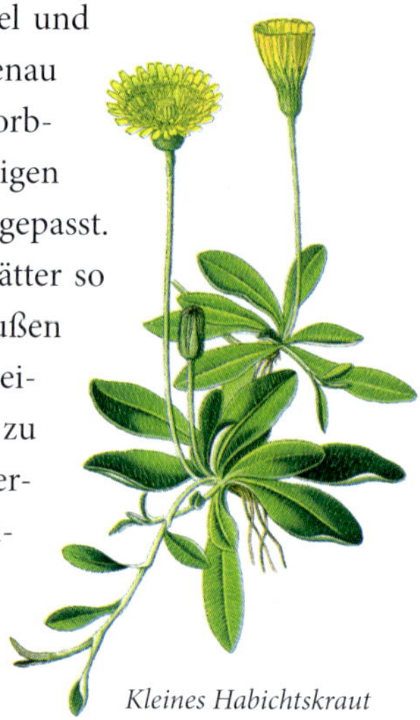

Kleines Habichtskraut

KLEINES HABICHTSKRAUT (Hieracium pilosella) [**BLÜTE**] Körbchen mit Zungenblüten. [**BLÜTEZEIT**] Mai bis Oktober. [**BLATT**] Schmal-eiförmig bis lanzettlich. Ganzrandige Rosettenblätter mit langen Haaren, unterseits graufilzig. [**VORKOMMEN**] Heiden, Trockenrasen, Steingärten, Trockenmauern. [**WISSENSWERTES**] Das Kleine Habichtskraut gehört zur Gattung der Habichtskräuter. Die einzelnen Arten und vielen Unterarten sind oft nicht ganz leicht zu bestimmen. Was haben sie mit dem Habicht zu tun? Nach einer alten Sage soll er sich mit dem Milchsaft ihrer Stängel die Augen schärfen.

Breitblättriger Rohrkolben

Er bezieht sich auf die Form und Behaarung der Blätter. Jetzt stoßen wir auf einen schmalen Asphaltweg, halten uns links und biegen nach wenigen Metern nach rechts in einen Feldweg ab. Rechter Hand magerer Sandboden mit Gräsern, Heide und einzelnen Eichen und Birken. Nach links hin haben wir Marschwiesen mit bewachsenen Abzugsgräben im Blick. Ein Mistkäfer krabbelt auf dem sonnenbeschienenen Weg. Seine Flügeldecken glänzen in einem blauschwarzen Farbton. Der Mistkäfer frisst den Kot von Pferden und anderen Pflanzenfressern wie etwa Schafen. Und die sind hier immer mal wieder als »Öko-Rasenmäher« unterwegs und befreien Trockenrasen und Heideflächen vom Pflanzenaufwuchs, um so den offenen Charakter der Landschaft zu erhalten. Schauen wir nach rechts, können wir auf dem mageren Sandboden einige trockenheitsliebende Pflanzen bewundern. Etwa den Hasenklee mit seinen flauschigen graurosafarbenen Blütenständen oder den gelbblühenden Scharfen Mauerpfeffer. Seine kleinen dicken Blätter besitzen in ihrem Inneren ein Wasserspeichergewebe. Es schützt die Pflanze vor Austrocknung. Beim Blick auf die Marschwiesen entdecken wir unter anderem das weißblühende Wiesen-Labkraut, die rotblühende Wiesen-Flockenblume und in den Gräben Baldrian und die Blütenstände des **BREITBLÄTTRIGEN ROHRKOLBENS**.

BREITBLÄTTRIGER ROHRKOLBEN (Typha latifolia) [BLÜTE] Der Männliche Blütenkolben sitzt über dem weiblichen. Dieser wird zwei bis drei Zentimeter dick und zerfällt bei Fruchtreife.[BLÜTEZEIT] Juli bis August. [BLATT] Die blaugrünen grasartigen Blätter stehen steif aufrecht. [VORKOMMEN] Ufer von Seen, Teichen, Gräben und langsam fließenden Gewässern. Auch an Gartenteichen. [WISSENSWERTES] Schon lange bevor der Mensch Getreide anbaute, verarbeitete er die stärkehaltigen Wurzelstöcke zu Mehl. Noch bis ins 20. Jahrhundert verwendeten Böttcher die Blätter zum Abdichten von Fässern. Heute nutzt man diese Pflanze beispielsweise zum Anfertigen von Reetdächern oder als Dämm- und Heizmaterial.

Zitter-Pappel

Diese bekannte und beliebte Pflanze hat im Volksmund die unterschiedlichsten Namen erhalten. Etwa Pompesel, Lampenputzer oder Schlotfeger. Der Breitblättrige Rohrkolben wächst nicht nur an natürlichen Standorten, sondern verschönert wegen seiner attraktiven braunschwarzen Blütenstände auch den einen oder anderen Gartenteich. Gern wird er auch verwendet, um floralen Gestecken ein i-Tüpfelchen zu verpassen. Hier in einigem Abstand zu den Gräben fallen uns vor allem die dunklen dicken Kolben auf. Das sind die weiblichen Blütenstände. Direkt über ihnen befinden sich die dünneren männlichen Blütenstände. Beim etwas selteneren Schmalblättrigen Rohrkolben sind der weibliche und der männliche Kolben durch einen kurzen blütenlosen Abschnitt getrennt. Als wir weitergehen wollen, springt vor uns plötzlich eine Blauflügelige Ödlandschrecke auf. Dieses in trockenwarmen Biotopen lebende Insekt ist

ZITTER-PAPPEL (Populus tremula) [BLÜTE] Der Baum hat entweder nur weibliche Blüten (grüne Kätzchen) oder nur männliche (graubraune Kätzchen). [BLÜTEZEIT] März bis April. [BLATT] Rundlich mit langem, seitlich abgeplattetem Stiel. Blattrand stumpf gezähnt. [VORKOMMEN] Die lichtliebende Art wächst an Weg- und Waldrändern, auf Brachflächen, auch in Parks und manchen Gärten. [WISSENSWERTES] Das weiche und leichte Holz der Zitter-Pappel wird zu vielen Produkten verarbeitet, etwa Sperrholzplatten, Streichhölzern, Zahnstochern und Tischtennisplatten. Blätter und Rinde finden in der Naturheilkunde Verwendung. Ihre Inhaltsstoffe wirken entzündungshemmend und fiebersenkend.

in Hamburg leider vom Aussterben bedroht. Weiter am Südrand des Naturschutzgebiets entlang führt uns der teils sandige, teils grasbewachsene Weg an einer Gruppe von Holunder, Weißdorn, jungen Eichen und Birken vorbei. Eine Blutrote Heidelibelle sitzt auf dem warmen Boden. Diese Art ist hier ziemlich häufig. Jetzt gehen wir unter den ausladenden Kronen mehrerer alter Eichen hindurch. Die Blätter haben zum Teil einen hellgrauen Überzug. Der stammt vom Eichenmehltau, einer Pilzart. Kurz vor dem Haarteich gabelt sich der Weg. Wir halten uns links. Im Schilfröhricht am Teichufer wartet ein Graureiher auf Beute. Der Teich ist nicht zugänglich, denn er ist Lebensraum für seltene Amphibien, darunter die Kreuzkröte. Der schmale unbefestigte Pfad trifft auf einen asphaltierten Weg. Er führt uns durch ein Gehölz mit Pappeln, Weiden, Ebereschen und Holunder. Vor einer riesigen **ZITTER-PAPPEL**, auch Espe genannt, halten wir kurz inne, denn auf einem ihrer rundlichen Blätter sitzt die hellgrüne Raupe der Zackeneule, eines Nachtfalters. Doch nicht nur dieser Schmetterling liebt die Zitter-Pappel. Auch die Raupen von Großem Fuchs, Mondvogel, Pappelspanner und über dreißig anderen, zum Teil sehr seltenen Arten schätzen sie als Fraßpflanze. Zum Erhalt der Artenvielfalt spielt die Zitter-Pappel also eine wichtige Rolle. Plötzlich spüren wir einen leichten Windhauch, und schon beginnen die Blätter unseres Baumes »wie Espenlaub« zu zittern. Das liegt daran, dass die langen Blattstiele seitlich abgeflacht sind, was nur bei wenigen Laubbäumen der Fall ist.

Wir kommen an einer von Kräutern und Sträuchern durchwucherten Röhrichtzone vorbei. Hier erfreut uns das Schmalblättrige Weidenröschen mit seinen rosafarbenen Blüten. Die winzigen Samen dieser nicht seltenen Pflanze sind mit Haaren ausgestattet. Der Wind kann sie bis zu zehn Kilometer weit forttragen. Nun geht es ein Stück an Marschwiesen mit größeren Beständen der Acker-Kratzdistel entlang. Dann knickt der Weg nach rechts ab, und wir treffen auf den an dieser Stelle von Erlenbruch gesäumten Boberger Baggersee. Auf einem besonnten Erlenblatt sitzt ein Waldbrettspiel.

Das ist ein Schmetterling, der sich im Licht und Schatten dieses kleinen Bruchwalds besonders wohlfühlt. Jetzt geht es nach links und dann um den Baggersee herum. Er entstand Ende der 1950er Jahre durch Entnahme von Sand und Kies für den Bau der Autobahn Hamburg–Lübeck. Der Baggersee ist nicht nur ein beliebtes Badegewässer, sondern auch ein wichtiger Lebensraum verschiedener Pflanzen- und Tierarten. So wachsen hier beispielsweise Wasserhahnenfuß und Tausendblatt und brüten Haubentaucher und Blässhuhn. Im Brennnessel- und Brombeergestrüpp am Ufer entdecken wir die violetten Blüten des **BITTERSÜSSEN NACHTSCHATTENS**. Die Blütenblätter sind mehr oder weniger stark zurückgebogen. Uns fallen auch die zu einer dünnen Röhre verwachsenen gelben Staubblätter auf. Die leuchtend roten Beerenfrüchte des Bittersüßen Nachtschattens sollen bei Verzehr zuerst bitter und anschließend süß schmecken. Doch das werden wir lieber nicht ausprobieren, denn sie sind sehr giftig. Das liegt an den Saponinen und Alkaloiden, die Krämpfe und Atemlähmung hervorrufen können. Woher der Name »Nachtschatten« kommt, ist nicht eindeutig geklärt. Vielleicht rührt er daher, dass nach dem Genuss dieser und auch anderer Nachtschattengewächse Wahnvorstellungen wie in einem Albtraum auftreten können. Die Kartoffel und einige andere Nachtschattengewächse können wir aber unbesorgt verzehren. Essbar sind allerdings nur die in

BITTERSÜSSER NACHTSCHATTEN (Solanum dulcamara) [BLÜTE] Zwittrig. Fünf gelbe, zu einer Röhre verwachsene Staubblätter umgeben den Griffel. [BLÜTEZEIT] Juni bis August. [BLATT] Variabel in Form und Größe, etwa eiförmig, spießförmig oder geöhrt. [VORKOMMEN] Bruch- und Auwald. Ufer von Still- und Fließgewässern und an anderen feuchten bis mäßig feuchten Stellen. [WISSENSWERTES] Zur Familie der Nachtschattengewächse zählen etwa 2700 Arten. Viele sind giftig wie etwa der Stechapfel, die Engelstrompete und die Tollkirsche. Das Gift dieser Pflanze, das Atropin, nutzt der Augenarzt in minimaler Dosierung zur Erweiterung der Pupillen. In der Homöopathie setzt man es zur Behandlung von Entzündungen ein. Einige Nachtschattengewächse sind wichtige Nutzpflanzen wie etwa Kartoffel, Tomate, Paprika und Aubergine.

der Erde wachsenden Knollen. Von den grünen Früchten sollten wir die Finger lassen.

An einer sandigen Badestelle angelangt, lesen wir auf einer großen Info-Tafel etwas über die Qualität des Badegewässers. Bei sommerlichen Temperaturen und einer hohen Nährstoffbelastung des Baggersees können sich giftige Blaualgen (Cyanobakterien) massenhaft vermehren. Die sichtbare Folge sind grüne oder blaugrüne Schlieren im Wasser, die sogenannte Algenblüte. Bei empfindlichen Menschen kann der Hautkontakt mit den Blaualgen Allergien auslösen. Einige Meter links neben der Info-Tafel wächst eine Gemeine Esche. Sie ist bereits verblüht. Ihre Früchte reifen erst ab dem Frühherbst. Es sind geflügelte Nüsschen, die büschelweise von den Zweigen hängen. Beim Herabfallen drehen sie sich und können vom Wind bis zu hundert Meter weit fortgetragen werden. Weiter geht's den asphaltierten Walter-Hammer-Weg entlang. Auf den Trockenrasen zu beiden Seiten entdecken wir die Kleinblütige Nachtkerze, die Rundblättrige Glockenblume, das Ackerstiefmütterchen und andere schöne Wildpflanzen. Hier tanzen auch Schmetterlinge wie der Kleine Feuerfalter oder das Große Ochsenauge von Blüte zu Blüte. Bei der nächsten Info-Tafel halten wir uns rechts und gehen auf einem schmalen Pfad durch Heideflächen. Hier gibt es viele Insekten. Überall summen die Bienen. Ein Laufkäfer eilt über den sandigen Boden. Zwischen der Besenheide wächst

Bittersüßer Nachtschatten

an einigen Stellen das **ECHTE JOHANNISKRAUT**, auch Tüpfel-Johanniskraut genannt. Halten wir ein Blättchen dieser goldgelb blühenden Pflanze gegen das Licht, sieht es wie perforiert aus. Die vielen hellen, an Tüpfel erinnernden Punkte sind Drüsen, die ätherische Öle enthalten. Der Name »Johanniskraut« bezieht sich auf die Blütezeit der Pflanze, die häufig um den Johannistag beginnt. Das ist der 24. Juni. Schon seit über zweitausend Jahren nutzen Menschen das Echte Johanniskraut als Heilpflanze. Früher versuchten Heilkundige, Hexenschuss, Gicht oder Rheuma damit zu kurieren. Heute gilt dieses Gewächs wegen seiner stimmungsaufhellenden Wirkung auch als wichtiges pflanzliches Antidepressivum. Zerreiben wir eine oder zwei Blüten des Echten Johanniskrauts mit den Fingern, bekommen wir »blutige« Hände. Das liegt am roten Hypericin, das die zerriebenen Blüten abgeben. Nun gehen wir am Rande eines Laubwalds aus Eichen und Birken. Der hier wachsende Oder-

Echtes Johanniskraut

ECHTES JOHANNISKRAUT (Hypericum perforatum) [BLÜTE] Zwittrig. Mehr als fünfzig Staubblätter umgeben den Fruchtknoten. [BLÜTEZEIT] Juni bis August. [BLATT] Oval. Ganzrandig, durchscheinend punktiert. [VORKOMMEN] Magerrasen, Heiden, Brachflächen, Gebüsch- und Waldränder. [WISSENSWERTES] Früher feierten die Menschen den längsten Tag des Jahres, indem sie sich mit Kränzen aus Johanniskraut schmückten und um das Sonnwendfeuer tanzten. Anschließend warfen sie die Kränze in die Flammen, um auf diese Weise die Hexen und den Teufel zu vertreiben. Das Echte Johanniskraut war Heilpflanze des Jahres 2019. Schon Paracelsus, der berühmte Arzt aus dem Spätmittelalter, beschrieb es als »eine Universalmedizin für den ganzen Menschen«.

mennig, ein Rosengewächs, ist schon fast verblüht. Dann spazieren wir wieder durch Trockenrasen. An einigen Stellen wächst die Kriechweide. Sie reicht uns nur bis zum Knie. Dann sehen wir noch einen größeren Bestand des Echten Leinkrauts, auch Kleines Löwenmäulchen genannt. Die schwefelgelben Blüten besitzen einen orangefarbenen Unterlippenwulst. Schließlich geht's über die große Düne zurück in Richtung unseres Ausgangspunkts, dem Boberger Dünenhaus.

HINWEISE

➤ *Nähere Auskünfte und Informationsmaterial über das Naturschutzgebiet erhält man im Boberger Dünenhaus der Loki Schmidt Stiftung (www.loki-schmidt-stiftung.de), Boberger Furt 50, Telefon (040) 739 312 66, geöffnet dienstags bis freitags von 9 bis 13 Uhr, an Sonn- und Feiertagen von 11 bis 17 Uhr. Das Boberger Dünenhaus bietet verschiedene naturkundliche Veranstaltungen an, die sich auch mit den im Naturschutzgebiet lebenden Pflanzenarten beschäftigen.* ➤ *Die Boberger Niederung lässt sich gut auf vier mit verschiedenen Symbolen markierten Wanderwegen erkunden: Dünenweg (Schmetterling), Moorweg (Vogel), Terrassenweg (Blume) und Wiesenweg (Hase).* ➤ *Eine gute Gebietskarte hat die Behörde für Umwelt und Energie herausgegeben, www.hamburg.de/bue/, Telefon (040) 428 403 416.*

EIGENE BEOBACHTUNGEN

SCHÖN, ABER UNGENIESSBAR – GIFTPFLANZEN

Pflanzen können nicht einfach weglaufen, wenn ein Tier sie fressen will. Viele haben deshalb im Laufe der Evolution giftige Substanzen entwickelt, die sie vor hungrigen Fressfeinden schützen sollen. Besonders wirkungsvolle Giftstoffe sind die Alkaloide. Sie kommen beispielsweise bei der Tollkirsche und dem Blauen Eisenhut vor. Auch die Herzglykoside, die etwa im Maiglöckchen und im Roten Fingerhut enthalten sind, können schwere gesundheitliche Probleme verursachen. Nicht wenige Giftpflanzen sind allerdings auch bekannte Heilpflanzen. So wird das Atropin der Tollkirsche, richtig dosiert, in der Augenheilkunde verwendet, und das Digitalis des Roten Fingerhuts ist ein bekanntes Herzmittel.

Ob die roten Früchte der Eibe oder die gelben Blüten des Goldregens: Giftpflanzen sehen oft sehr attraktiv aus und machen Kinder neugierig. Deshalb ist es wichtig, sie auf die Gefahren hinzuweisen, die ein Verzehr nach sich ziehen kann. Wenn dieser allerdings schon stattgefunden hat, sollten sofort folgende Gegenmaßnahmen ergriffen werden:

- Entfernung der Pflanzenteile aus dem Mund durch Ausspucken oder Ausspülen mit Wasser (keine Milch!)
- Giftinformationszentrum-Nord für Erste-Hilfe-Tipps anrufen: 0551 / 19240
- Bei Benommenheit, Übelkeit, Krämpfen, Atemnot und anderen Vergiftungssymptomen sofort Arzt oder Krankenhaus aufsuchen. Bei akutem Notfall 112 wählen
- Pflanzenteile zur späteren Bestimmung aufheben

BLAUER EISENHUT
(Aconitum napellus)
[GIFTIGE TEILE] Alle
[VERGIFTUNGSFOLGEN]
Krämpfe, Atemlähmung

EIBE (Taxus baccata)
[GIFTIGE TEILE] Alle, vor allem die Kerne der roten Früchte
[VERGIFTUNGSFOLGEN]
Bewusstseinsstörung, Atemlähmung

GEMEINE STECHPALME
(Ilex aquifolium)
[GIFTIGE TEILE]
Blätter und die roten Früchte
[VERGIFTUNGSFOLGEN]
Erbrechen, Herzrhythmusstörungen

GEMEINER GOLDREGEN
(Laburnum anagyroides)
[GIFTIGE TEILE] Alle, vor allem die braun-schwarzen Samen in den Schoten
[VERGIFTUNGSFOLGEN]
Krämpfe, Atemlähmung

GEWÖHNLICHER EFEU

(Hedera helix)
[GIFTIGE TEILE] Alle, vor allem die schwarzen Früchte
[VERGIFTUNGSFOLGEN] Magenbeschwerden, Krämpfe

GEWÖHNLICHES PFAFFENHÜTCHEN

(Euonymus europaea)
[GIFTIGE TEILE] Alle, vor allem die rosafarbenen Früchte
[VERGIFTUNGSFOLGEN] Bauchschmerzen, Durchfall

MAIGLÖCKCHEN

(Convallaria majalis)
[GIFTIGE TEILE] Blüten, Früchte, Blätter
[VERGIFTUNGSFOLGEN] Übelkeit, Herzrhythmusstörungen

ROTER FINGERHUT

(Digitalis purpurea)

[GIFTIGE TEILE] Vor allem die Blätter

[VERGIFTUNGSFOLGEN] Erbrechen, Herzrhythmusstörungen

SCHWARZES BILSENKRAUT

(Hyoscyamus niger)

[GIFTIGE TEILE] Alle

[VERGIFTUNGSFOLGEN] Rauschartige Zustände, Atemlähmung

SCHWARZE TOLLKIRSCHE

(Atropa bella-donna)

[GIFTIGE TEILE] Alle, vor allem die schwarz-glänzenden Früchte

[VERGIFTUNGSFOLGEN] Schwindel, Halluzinationen

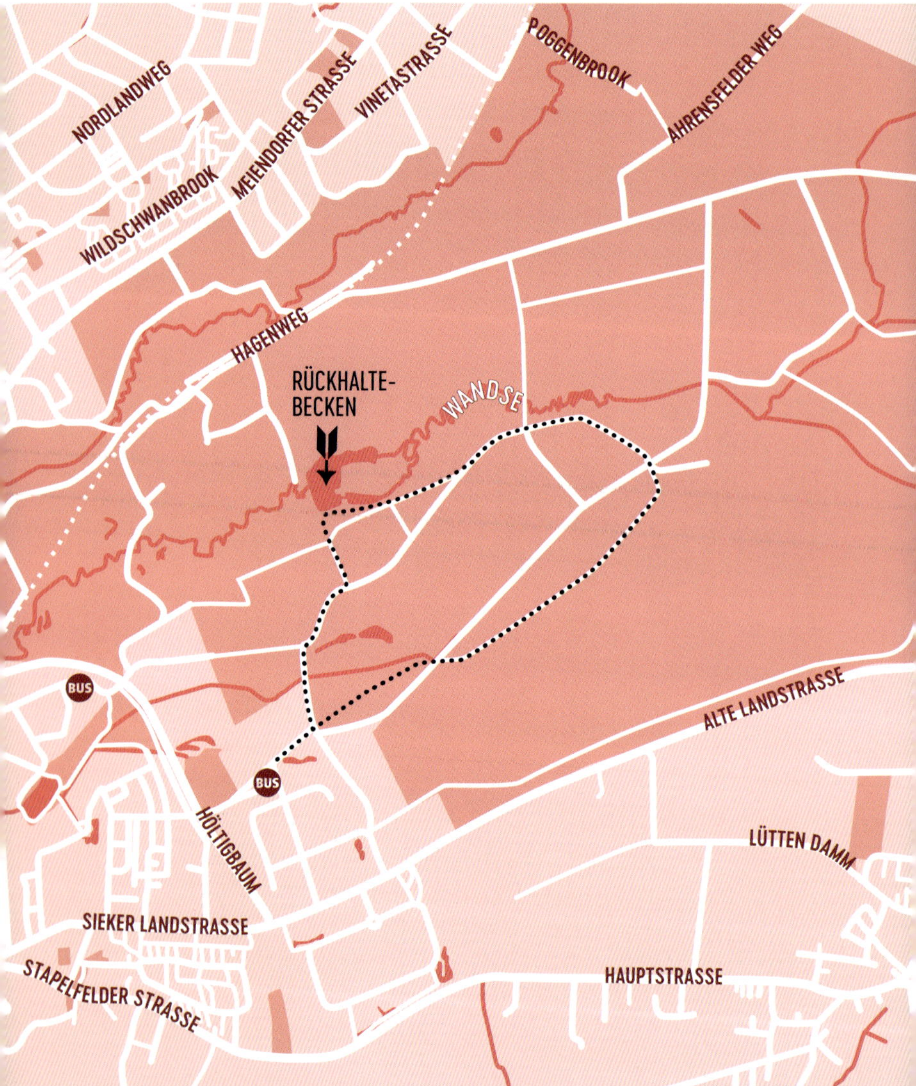
NORDLANDWEG
WILDSCHWANBROOK
MEIENDORFER STRASSE
VINETASTRASSE
POGGENBROOK
AHRENSFELDER WEG
HAGENWEG
RÜCKHALTE-
BECKEN
WANDSE
BUS
BUS
HÖLTIGBAUM
ALTE LANDSTRASSE
LÜTTEN DAMM
SIEKER LANDSTRASSE
STAPELFELDER STRASSE
HAUPTSTRASSE

HÖLTIGBAUM

Der Höltigbaum bildet mit dem Stellmoorer und dem Ahrensburger Tunneltal eine teils auf Hamburger, teils auf Schleswig-Holsteiner Gebiet liegende weiträumige Einheit. Die halboffene Hügellandschaft mit überwiegend steppenartigem Charakter ist das Ergebnis einer langen Entwicklung. Sie begann vor etwa 200 000 Jahren, als die Gletscher der Saale-Eiszeit Grundmoränen und Schmelzwassersande hinterließen. Später, während der Weichsel-Eiszeit vor ungefähr 15 000 Jahren, formten die Eismassen einer riesigen Gletscherzunge einen Teil des Grundmoränenmaterials zu lang gestreckten Hügeln, den »Drumlins«. Sie verlaufen in Richtung der Eisbewegung von Nordosten nach Südwesten. Als das Eis schmolz, schuf das Wasser unter dem Gletscher Tunnel, durch die es abfließen konnte. So entstand beispielsweise das Wandse-Tunneltal. Die im 12. und 13. Jahrhundert einsetzende landwirtschaftliche Nutzung des Gebiets und die in der ersten Hälfte des 20. Jahrhunderts beginnende und mittlerweile wieder eingestellte Nutzung Höltigbaums als Truppenübungsgelände prägen das heutige Landschaftsbild. Um dieses zu erhalten, sind 220 Hektar des Areals im Rahmen des Erprobungs- und Entwicklungsvorhabens »Halboffene Weidelandschaft Höltigbaum« des Bundesamtes für Naturschutz und der Stiftung Naturschutz Schleswig-Holstein ganzjährig Galloways, Benthei-

Das Naturschutzgebiet Höltigbaum liegt im Nordosten Hamburgs. RB 81 (Richtung Lübeck) bis Rahlstedt, von dort mit den Buslinien 462 bis NSG Höltigbaum oder 562 bis Eichwischen. Parkplätze an den südlichen Eingängen.

mer Landschafen, Bunten Deutschen Edelziegen und Schottischen Hochlandrindern vorbehalten. Diese genügsamen »Öko-Rasenmäher« sollen den immer wieder aufkommenden Bewuchs niedrig halten, damit die Landschaft ihren halboffenen Charakter behält und nicht von Buschwerk oder Birkenwäldchen überwachsen wird.

NACHTKERZE UND WEISSDORN

Am Höltigbaum hat man die Enge und Hetze der Millionenstadt längst hinter sich gelassen. Der Blick kann in die Weite der leicht hügeligen, von den Gletschern der letzten Eiszeiten geformten Landschaft schweifen. Feuchtwiesen wechseln mit Magerrasen ab, Bruchwäldchen in Senken mit Gebüschgruppen, ab und zu ein einzeln stehender Baum. Die langjährige militärische Nutzung hat die Pflanzenwelt Höltigbaums stark verändert. Immer wieder wurde die Vegetation durch die Ketten der schweren Panzer zerstört. Dadurch entstand aber gleichzeitig neuer Lebensraum für Erstbesiedler wie die Frühe Nelkenschmiele und den Sumpfquendel. Mittlerweile besiedelt er fast alle Gewässerufer des Naturschutzgebiets. Für den aufmerksamen Pflanzenfreund gibt es auf dem Höltigbaum viel zu entdecken. 223 Arten wurden bisher gezählt. So findetf er auf den offenen Magerrasenflächen trockenheitsliebende Pflanzen wie den Englischen Ginster, das Jakobs-Greiskraut, aber mit etwas Glück auch Seltenheiten wie das Tausendgüldenkraut. In den feuchten Niederungen wachsen Röhricht, Binsen, Seggen, Hochstauden und an einigen Stellen sogar das Breitblättrige Knabenkraut, eine heimische Orchideen-Art. Auch Bruchwäldchen mit Moosen, Farnen, Schwarzerlen, Birken und Traubenkirschen sind in den Niederungen zu finden.

Ein warmer Julitag. Schon direkt gegenüber der Endhaltestelle der Buslinie 462 »begrüßt« uns eine bunte Blumenwiese. Wir freuen uns über die pur-

Gewöhnliche Nachtkerze

purnen Blüten der Skabiosen-Flockenblume, über das weiße Wiesen-Labkraut und den gelben Hornklee. Auf einer großen Tafel sind noch weitere Pflanzen abgebildet, die wir auf dem Höltigbaum entdecken können. Etwa der Englische Ginster, das Bergsandglöckchen, die Heide-Nelke und die Glockenblume. Jetzt geht's los. Rechts und links des Wegs zum Haus der Wilden Weiden, dem Informationszentrum des Naturschutzgebiets, sehen wir schon die nächsten interessanten Pflanzen. Und da ist ja auch die auf der Tafel erwähnte Glockenblume. Aber welche genau? Wir schauen im Bestimmungsbuch nach: Es ist die Rundblättrige Glockenblume. Der Name kommt von ihren rundlichen Grundblättern. Eine weitere Pflanze, der wir begegnen, ist die Wilde Möhre. Von ihren Blättern ernähren sich die Raupen des Schwalbenschwanzes, einer einheimischen Schmetterlingsart, die allerdings nur äußerst selten auf dem Höltigbaum zu beobachten ist. Am Haus der Wilden Weiden vorbei geht es nach rechts leicht bergauf. Auf der Freizeit- und Erholungsfläche zur Linken entdecken wir wieder neue Pflanzen, darunter eine **GEWÖHNLICHE NACHTKERZE**. Diese Pflanze stammt aus dem Osten Nordamerikas, ist also ein Neophyt. Erst in der Dämmerung beginnt sie, ihre gelben Blüten zu öffnen, und lockt mit ihrem Duft Nachtfalter und andere nachtaktive Insekten herbei, die auf der Suche nach Nektar und Pollen sind. Zuerst gehen die unteren Blüten auf, dann nach und nach

GEWÖHNLICHE NACHTKERZE (Oenothera biennis) [**BLÜTE**] Die zwittrige Blüte verfärbt sich beim Verwelken orangefarben. [**BLÜTEZEIT**] Juni bis September. [**BLATT**] Länglich und spitz. [**VORKOMMEN**] Ödflächen, Böschungen, Schuttplätze. [**WISSENSWERTES**] Die Samen der Gewöhnlichen Nachtkerze enthalten ein heilkräftiges Öl mit mehrfach ungesättigten Fettsäuren. Die nahverwandte Kleinblütige Nachtkerze kommt im selben Lebensraum vor.

Sumpf-Vergissmeinnicht

auch die oberen. Jede Blüte verwelkt bereits nach ein bis zwei Tagen. Das Öffnen der Blüten lässt sich gut beobachten, denn es vollzieht sich innerhalb weniger Minuten. Wer gut hinhört, kann sogar das dabei auftretende leichte Knistern wahrnehmen.

Nun gehen wir einen schmalen Weg nach links durch einen kleinen Wald aus Eichen, Birken und anderen Laubbäumen. Am schattigen Wegesrand wachsen das Hexenkraut und die Echte Nelkenwurz. Diese zu den Rosengewächsen gehörende Pflanze ist bereits großenteils verblüht. Statt der kleinen gelben Blüten sehen wir jetzt die runden stachligen Früchte. Sie besitzen Widerhaken und bleiben im Fell von Füchsen und anderen Wildtieren hängen. So sorgen diese Säuger für die Verbreitung der Pflanze. Vorbei an Holunder und Schneeball gelangen wir an ein großes Rückhaltebecken der Wandse. Auf dem Wasser schwimmen zwei Haubentaucher, und im Bruchwald am gegenüberliegenden Ufer landet ein Waldwasserläufer. Das ist ein Watvogel. Bevor es jetzt den Weg ein Stückchen zurückgeht, erfreuen uns noch die vielen himmelblauen Blüten des **SUMPF-VERGISSMEINNICHTS**. Wie ihr Name sagt, liebt diese Pflanze feuchte Böden. Mit einem Trick lockt sie bestimmte Insekten zum Bestäuben an. Ihre empfindlichen Staubblätter sind in einer Kronröhre

SUMPF-VERGISSMEINNICHT (Myosotis scorpioides) [**BLÜTE**] Zwittrig, zuerst rötlich, dann himmelblau. In der Mitte gelb. [**BLÜTEZEIT**] Mai bis September. [**BLATT**] Lanzettlich. [**VORKOMMEN**] Ufer, Nasswiesen, Gräben, Auwälder. [**WISSENSWERTES**] Im Poesiealbum spielt das Vergissmeinnicht eine große Rolle, wie ein beliebter Vierzeiler beweist: »Rosen, Tulpen, Nelken/alle Blumen welken/nur die eine nicht/und die heißt Vergissmeinnicht!«

verborgen. Am Eingang der Röhre befindet sich ein Ring aus fünf gelben Schuppen. Dieser sieht Staubblättern täuschend ähnlich. Kleine Insekten können nicht durch den Ring in die Röhre gelangen. Wohl aber Schmetterlinge und manche Fliegenarten mit ihrem Rüssel. Damit erreichen sie den Nektar und Pollen am Grund der kurzen Kronröhre. Das Wort »Vergissmeinnicht« erklärt sich nach einer alten Legende folgendermaßen: Als ein verliebtes Paar einst an einem Fluss entlangging, sah die Frau am Ufer eine kleine blaue Blume. Ihr Liebster wollte ihr die Blume pflücken, fiel dabei aber ins Wasser und wurde von der Strömung fortgerissen. Seine letzten Worte waren: »Vergiss mein nicht!«

Wir verlassen nun das Wäldchen und gelangen auf eine große Wiese, die mit einzelnen Weißdornbüschen bestanden ist. Auf dem Weg durch diese halboffene Landschaft können wir die verschiedensten Pflanzen sehen, aber auch viele Schmetterlinge wie den Admiral oder das seltene Blutströpfchen. Gleich links, wo der Boden etwas feuchter ist, wachsen Rohrkolben, Froschlöffel, Wasser-Minze und Sumpfquendel am Ufer eines Mini-Teichs. Hier blühen auch Gilbweiderich und Sumpf-Schafgarbe. Wir entdecken noch zwei Binsenarten, nämlich die Knäuel- und die Flatterbinse. Besonders vielfältig ist die Blütenpracht dort, wo der Boden trockener ist. Um nur einige der hier auf dem Magerrasen wachsenden Pflanzen zu nennen: Wiesen-Witwenblume, Gewöhnliches Habichtskraut, Wiesen-Schafgarbe, Jakobs-Greiskraut und Englischer Ginster. Als wir die Wiese verlassen und entlang eines eingezäunten Weidegebiets gehen, entdecken wir wieder eine interessante Pflanze. Sie heißt **GEMEINER HOHLZAHN** und gehört zur Familie der Lippenblütler, besitzt also eine Ober- und eine Unterlippe. Den seltsamen Namen verdankt sie den beiden hohlen, zahnähnlichen Ausstülpungen auf ihrer Unterlippe. Diese haben die Aufgabe, blütenbesuchende Insekten wie Bienen und Hummeln so zu lenken, dass sie ihren Kopf zwischen den »Zähnen« hindurch in den Schlund strecken müssen, um an den Nektar am Grunde der Röhre zu gelangen. Dabei bestäuben sie gleichzeitig die Blüte. Interessant ist auch die Ausbreitung des Gemeinen Hohlzahns. Er besitzt stachelige Kelchzipfel und verdickte Stängelabschnitte mit Borsten. Streift nun ein Tier vorbei, bleibt es an den Stacheln und Borsten hängen. Jetzt biegt sich der elastische Stängel und schnellt anschließend wieder zurück. Dabei schleudert er die kleinen Früchte aus den Kelchen heraus.

Gemeiner Hohlzahn

Weiter geht's. Auf dem Weidegebiet rechter Hand sehen wir einige Schafe. Sie fressen Gräser und Kräuter und halten Bäume und Sträucher kurz, um den Lebensraum der Lichtliebenden Pflanzen und Tiere zu erhalten. Am Wegesrand blühen Ackerdisteln, Habichtskraut und Weidenröschen. Auf den Blüten sitzen Schwebfliegen, Bienen und zwei kleine, blaue Falter. Sie gehören zur Schmetterlingsfamilie der Bläulinge. Über den sandigen Weg hastet ein Laufkäfer. Jetzt sehen wir einen großen Betonblock. Als früher auf dem Höltigbaum noch das Militär übte, diente er als Orientierungspunkt für die Panzer. Heute ist er mit Algen, Moosen und Flechten bewachsen. Diese Pflanzen sind sehr genügsam und können unter extremen Bedingungen wie beispielsweise Nährstoffmangel, hohen Temperaturen und Trockenheit überleben. Nach links schauen wir auf

GEMEINER HOHLZAHN (Galeopsis tetrahit) [**BLÜTE**] Zwittrig mit Ober- und Unterlippe. [**BLÜTEZEIT**] Juni bis Oktober. [**BLATT**] Eiförmig bis breit lanzettlich, gezähnt. [**VORKOMMEN**] Wege, Ödflächen, Äcker, Schuttplätze. [**WISSENSWERTES**] Der Gemeine Hohlzahn, wegen seiner Borsten und Stacheln auch Stechender Hohlzahn genannt, entstand aus einer natürlichen Kreuzung zwischen Weichhaarigem und Buntem Hohlzahn. Werden Reste dieser Pflanze in prähistorischen Funden entdeckt, werden sie als Indiz für menschliche Landnutzung gewertet.

den Rand eines Laubwalds. Von der Sonne beschienen wächst dort ein kleinerer Bestand des **JAKOBS-GREISKRAUTS**. Seine Blüten leuchten in einem schönen Gelb. Allerdings sind alle Teile dieser zu den Korbblütlern gehörenden Pflanze giftig, da sie verschiedene Alkaloide enthalten. Bei genauerem Hinsehen entdecken wir auf einigen Pflanzen kleine Grüppchen der schwarz-gelb geringelten Raupen des Blutbären, einer Nachtfalterart. Da sie vom giftigen Jakobs-Greiskraut fressen, sind die Raupen für Vögel und andere Fressfeinde ungenießbar. Davor warnen sie mit ihrer auffallenden Färbung. Sogar der nach der Verpuppung schlüpfende Falter enthält noch die Giftstoffe. Seine rotschwarze Färbung weist darauf hin. Haben auch die Raupen des Blutbären kein Problem mit dem Jakobs-Greiskraut, sieht es bei Weidetieren wie Rindern und Pferden ganz anders aus. Fressen sie zu viel von dieser Pflanze, kann das zu Vergiftungserscheinungen führen. Deshalb wird das Jakobs-Greiskraut immer wieder mit verschiedenen Methoden bekämpft.

Jakobs-Greiskraut

Wo uns der Weg über eine der ehemaligen Panzerstraßen hinwegführt, kommt unübersehbar der Telekom-Sendemast in den Blick. Jetzt wird

JAKOBS-GREISKRAUT (Senecio jacobaea) [**BLÜTE**] Viele Blütenkörbchen mit gelben Zungen- und Röhrenblüten. [**BLÜTEZEIT**] Juli bis September. [**BLATT**] Fiederspaltig, Blattlappen zum Ende hin verbreitert. [**VORKOMMEN**] Halbtrockenrasen, Wiesen, Weiden, Waldränder. [**WISSENSWERTES**] Das Jakobs-Greiskraut dient mehr als 200 Insektenarten als Nahrung. Da auf dem Höltigbaum Weidetiere als »Bio-Rasenmäher« eingesetzt werden, muss es allerdings an einigen Stellen mit umweltverträglichen Methoden wie Mähen bekämpft werden. Ein Einsatz von Pestiziden kommt natürlich nicht infrage.

Gewöhnlicher Natternkopf

es feuchter. Wir gelangen in einen kleinen, von Erlen, Weiden und Traubenkirschen dominierten Bruchwald, der den Wandselauf begleitet und auch den Mönchsteich verbirgt. Ein Grasfrosch hüpft, wie es sich gehört, im feuchten Gras, und eine Schnirkelschnecke sitzt am Stamm einer Schwarzerle. Nun erreichen wir wieder offenes Gelände und gehen durch sonnige Wiesen, die mit einzelnen Birken und Weißdornbüschen bestanden sind. Im Gras wachsen verschiedene Wildkräuter wie etwa das weißblühende Harzer Labkraut oder der gelbe Odermennig. Das seltene Tausendgüldenkraut suchen wir allerdings vergebens. Bald endet der Sandweg an einer weiteren Panzerstraße. Nun geht es nach rechts, und wir erreichen nach einigen Schritten einen Aussichtspunkt mit schönem Blick auf die halboffene Landschaft. Dann gehen wir an einem Zaun entlang. Dahinter sind einige Schottische Hochlandrinder zu sehen, die hier ihre Arbeit als »Landschaftspfleger« verrichten. Wieder entdecken wir verschiedene Pflanzen, darunter Hasenklee, Kratzdistel, Englischer Ginster und der **GEWÖHNLICHE NATTERNKOPF**. Den Namen hat diese

GEWÖHNLICHER NATTERNKOPF (Echium vulgare) [**BLÜTE**] Kegeliger Blütenstand. Blütenfarbe wechselt von Rot über Rosa nach Blau. [**BLÜTEZEIT**] Mai bis September. [**BLATT**] Lanzettlich, mit steifen Borsten besetzt. [**VORKOMMEN**] Trockenrasen, Heideflächen, Ödland, Wege, Schuttflächen. [**WISSENSWERTES**] Bisher hat man etwa vierzig Schmetterlingsarten beim Besuch des Gewöhnlichen Natternkopfs beobachtet. Wer sich diesen attraktiven Nektarlieferanten im Kübel auf die Veranda oder den Balkon stellt, hilft Faltern und anderen Insekten bei der Nahrungssuche. Um Hautreizungen beim Berühren der Pflanze zu vermeiden, sollten empfindliche Menschen lieber Handschuhe tragen.

Pflanze vom Aussehen ihrer blauen Blüten. Sie erinnern an die Köpfe von Nattern, wobei ihre heraushängenden zweispaltigen Griffel den gespaltenen Zungen der namengebenden Schlangen ähneln. Der Gewöhnliche Natternkopf, im Volksmund auch »Blauer Heinrich« genannt, zählt zu den Raublattgewächsen. Blätter und Stängel sind nämlich mit borstigen Härchen besetzt. Sie schützen die Pflanze vor Fressfeinden wie Raupen und anderen Tieren. Um vom reichlich angebotenen Nektar des Gewöhnlichen Natternkopfs zu naschen, landen die Blütenbesucher gern auf den heraushängenden Griffeln und Staubblättern. Oft zu Besuch kommen Bienen, Hummeln, Schwebfliegen und verschiedene Arten von Schmetterlingen.

Jetzt wollen wir weiter. Unterwegs sehen wir mehrere Ochsenaugen. Diese Schmetterlinge kommen hier ziemlich häufig vor. Einige sitzen auf Distelblüten, andere auf Jakobs- Greiskraut. Nun geht's durch ein Birkenwäldchen bergab. Dann überqueren wir die Panzerstraße und gehen nach links am eingezäunten Weidegelände entlang in Richtung des Ausgangspunkts unserer Rundwanderung. Am Rande

Eingriffeliger Weißdorn

EINGRIFFELIGER WEISSDORN (Crataegus monogyna) [BLÜTE] Die weißen, zwittrigen Blüten mit den roten Staubblättern sind in Gruppen angeordnet. Jede Blüte besitzt nur einen Griffel. [BLÜTEZEIT] Mai bis Juni. [BLATT] Oft fünflappig. [VORKOMMEN] Parks, naturnahe Gärten, Hecken, Gebüsche, Waldränder. [WISSENSWERTES] Der Eingriffelige Weißdorn ist ökologisch besonders wertvoll. So bietet er über 160 Insektenarten Nahrung. Seine mehlig schmeckenden Früchte werden zu Herztropfen verarbeitet. Ein naher Verwandter des Eingriffeligen Weißdorns ist der Zweigriffelige Weißdorn. Er ist nicht so häufig und wird wegen seiner roten Blüten auch »Rotdorn« genannt.

des schmalen Pfads blühen Gilbweiderich, Rainfarn und Wiesen-Bärenklau. Der löst beim Berühren allerdings nicht so heftige Hautreaktionen aus wie sein naher Verwandter, der aus dem Kaukasus stammende Riesen-Bärenklau. Neben Faulbaum, Holunder und Hasel entdecken wir auch eine Schlehe. Jetzt sind ihre blauen Steinfrüchte noch sehr sauer. Erst nach dem ersten Frost schmecken sie milder. Der auf den Wiesen wachsende **EINGRIFFELIGE WEISSDORN** hat eine auffallend kompakte Form. Das liegt an den Weidetieren. Sie stören sich beim Fressen nicht an den Dornen dieser Pflanze. Diese verlangsamt daraufhin ihr Wachstum, bildet kürzere Triebe aus und nimmt schließlich rundlichere Formen an. Der Neuntöter, ein Charaktervogel auf dem Höltigbaum, weiß seine bedornten Zweige sehr zu schätzen. Hier kann er gut geschützt sein Nest bauen und später den Nachwuchs versorgen. Manchmal spießt der Neuntöter auch Insekten, Eidechsen und Mäuse als Vorrat auf die Dornen, um sie später zu fressen. Dass er allerdings erst neun Beutetiere beisammen haben muss, bevor er sich daranmacht, ist natürlich ein Irrglaube.

HINWEISE

➤ Näheres zum Naturschutzgebiet Höltigbaum ist im Haus der Wilden Weiden der Stiftung Natur im Norden am Eichberg 63 zu erfahren, www.Haus-der-Wilden-Weiden.de, Telefon 040/180 448 601 0. Öffnungszeiten April bis Oktober: Donnerstag und Freitag 14 bis 18 Uhr, Samstag, Sonntag und an Feiertagen 11 bis 18 Uhr. November bis März: Samstag, Sonntag und an Feiertagen 11 bis 16 Uhr. Geschlossen am 24., 25. und 31.12. ➤ Das Haus der Wilden Weiden bietet viele naturkundliche Veranstaltungen an, die sich auch mit den im Naturschutzgebiet vorkommenden Pflanzenarten beschäftigen. ➤ Der NABU veranstaltet ebenfalls pflanzenkundliche Führungen. www.hamburg.nabu.de, Telefon 040/697 089 0. ➤ Eine gute Gebietskarte hat die Behörde für Umwelt und Energie herausgegeben, www.hamburg.de/bue/, Telefon 040/428 403 416.

GELB, ORANGE, ROT – BUNTE HERBSTBLÄTTER

Zitter-Pappel

Bevor der Winter Einzug hält, präsentieren sich viele Gehölze noch einmal von ihrer besonders schönen Seite. Die Bäume und Sträucher tönen ihre Blätter um: Grün kommt aus der Mode, dafür zeigen sich Gärten, Parks und Wälder in Gelb, Orange und Rot. Der »Indian Summer« vor der Haustür lädt zu ausgedehnten Spaziergängen in der Natur ein. Aber nicht lange lassen sich die herrlichen Farben des goldenen Herbstes genießen. Bald fallen die Blätter, und dann ist es mit der Pracht schon wieder vorbei.

Die sommergrünen Laubgehölze in hiesigen Breiten werfen im Herbst die Blätter ab, um sich auf den winterlichen Wassermangel vorzubereiten. Über ihre Blätter verdunsten sie nämlich ständig einen großen Teil des durch die Wurzeln aufgesogenen Wassers – bei einer hundertjährigen Rotbuche etwa 400 Liter pro Tag. Wenn im Winter der Boden gefriert, bleibt der Wassernachschub aus. Die Pflanzen würden langsam austrocknen, wenn sie nicht die »geniale Idee« gehabt hätten, sich einfach ihrer Blätter zu entledigen und dadurch die Wasserabgabe wirksam zu stoppen. Der Blattabwurf ist nicht nur ein wirksamer Verdunstungsschutz, sondern hat noch weitere Vorteile für die Pflanzen: Er entsorgt giftige Stoffwechselendprodukte und – heutzutage besonders von Bedeutung – gespeicherte Umweltgifte. Auch halten kahle Bäume der Schneelast besser stand. Und nicht zuletzt sichert der Laubfall den im Frühling austreibenden Knospen ausreichend Licht für ihre Entwicklung.

Das Abwerfen der Blätter ist ein durch Abnahme von Tageslänge und Temperatur induzierter und durch Phytohormone gesteuerter Vorgang. Nach neueren Forschungen scheint dabei das Gas Äthylen als hormoneller Wirkstoff im Spiel zu sein. Im Blattstiel wird ein Trenngewebe ausgebildet, dessen Zellen sich durch Verschleimen der Mittellamellen und Sichabrunden voneinander lösen, sodass schließlich das Blatt aufgrund seines eigenen Gewichts abfällt. Ein Abschlussgewebe aus Kork verschließt die Wunde und schützt vor Wasserverlust und dem Eindringen von Pflanzenschädlingen.

Auch immergrüne Pflanzen wie die meisten Nadelhölzer werfen ihre Blätter ab. Allerdings nicht regelmäßig im Herbst, sondern kontinuierlich die eine oder andere Nadel. So bleibt eine Nadel der Kiefer etwa fünf Jahre, der Fichte bis zu sieben Jahre und der Tanne sogar bis zu elf Jahre am Zweig. Dass die Nadelbäume nicht regelmäßig im Winter blattlos sind, liegt am effektiven Verdunstungsschutz ihrer Nadeln. Die schmalen Blätter haben eine kleine Oberfläche. Die Ausgänge ihrer Spaltöffnungen sind verengt und eingesenkt, sodass eine Wasserabgabe stark eingeschränkt ist. Außerdem sind die oberen Epidermiszellen nach außen hin dickwandig, und zusätzlich schützt eine Wachsschicht vor stärkerem Feuchtigkeitsverlust.

Durch vielfältige Umwelteinflüsse kommt es immer wieder zu vorzeitigem Laubfall. Die Blätter sind dann noch grün, häufig aber auch braun gefärbt. In längeren Hitzeperioden vertrocknen die Blätter. Auch erhöhte Bodenfeuchtigkeit führt zum Verwelken, weil die Wurzeln faulen und kaum noch Wasser aufnehmen. Schadstoffe im Boden und in der Luft wie etwa die Chlorid-Ionen aus dem Streusalz oder Stickoxide in Autoabgasen schwächen die Pflanzen und lassen die Blätter schon im Sommer von den Bäumen fallen. Durch extreme Witterungsverhältnisse und durch Umweltgifte geschwächte Bäume sind besonders anfällig für Pilzbefall und Schadinsekten wie Miniermotten, was ebenfalls vorzeitigen Blattfall bewirkt. Wenn Esche, Erle und Holunder grüne Blätter abwerfen, ist das allerdings normal, denn sie verfärben sich nicht.

Spitzahorn

Das leuchtende Farbenspiel des Herbstes – Pappeln werden goldgelb, Ahornblätter leuchten in Gelb und

Orange, Roteichen fallen durch ihr Feuerrot auf – beruht in erster Linie auf einer Änderung des Mengenverhältnisses der Blattfarbstoffe. Im Frühling und Sommer überwiegt der grüne Blattfarbstoff, das für die Photosynthese unabdingbare Chlorophyll. Er überdeckt die anderen Pigmente. Um einen Verlust dieses für die Pflanze sehr wichtigen Farbstoffs zu verhindern, zerlegt diese ihn im Herbst fast vollständig in kleinere Bestandteile, die sie aus dem Blatt herauszieht und bis zum nächsten Frühjahr, wenn die neue Blattgeneration wieder Chlorophyll benötigt, in Zweig, Stamm oder Wurzel deponiert. Durch den Wegfall des Blattgrüns können nun die anderen Pigmente voll zur Geltung kommen. Die Karotinoide (gelb, orange, rot), die Xanthophylle (gelb) und die Anthocyane (rot, violett, blau) verursachen die beeindruckende herbstliche Laubfärbung.

Roteiche

WULKSFELDER WEG
LANGE
BÜLTENKRUGWEG
LANGENREIHER WEG
ALTER
GRENZWALL
FÖRSTERHAUS
WIEMERSKAMPER WEG
DUVENSTEDTER TRIFTWEG
RÖTHBEK
BROOKHUS
HERRENHAUSALLEE
BRÜGKAMP
MOORDAMM
JERSLOGE

DUVENSTEDTER BROOK

Das Naturschutzgebiet Duvenstedter Brook liegt auf Ohlstedter und Wohldorfer Gebiet. Es erstreckt sich auch nach Schleswig-Holstein hinein. Seine abwechslungsreiche Landschaft entstand nach der letzten Eiszeit, die vor etwa 15 000 Jahren zu Ende ging. Die abschmelzende Eisdecke, unter der Schmelzwasserseen entstanden waren, hinterließ zwei Teilbereiche: Im Nordwesten bildeten sich meterdicke nährstoffarme Sandböden über tonhaltigen Stauseeablagerungen. Im südöstlichen Teil überwiegen fruchtbare Lehmböden. Nach Versickern der Stauseen im aufgetauten Boden blieben seichte Weiher übrig. Diese verlandeten allmählich und ließen Moore und Sümpfe entstehen. Die langsame Erwärmung bot Zwergstrauchheiden, Birken-, Kiefern-, Erlenbruchwäldern und Eichenmischwäldern günstige Lebensbedingungen. Später kamen andere Baumarten wie Rotbuche, Hainbuche und Ahorne hinzu. Immer wieder veränderte der Mensch das Landschaftsbild. Im Mittelalter holzte er großflächig ab, um Bau- und Brennmaterial zu gewinnen. Als das Brennholz ausging, heizte er mit Torf und zerstörte damit viele Moorflächen. Die Menschen trieben ihre Rinder und Schweine in die zur allgemeinen Beweidung freigegebenen Wald-

Der Duvenstedter Brook liegt im äußersten Nordosten Hamburgs. S-Bahn (S1, S11) bis Poppenbüttel, von dort mit der Buslinie 276 bis zum Duvenstedter Triftweg, dann noch zwanzig Minuten Fußweg bis zum Duvenstedter BrookHus, dem Informationshaus des NABU. U-Bahn (U1) bis Ohlstedt, von dort drei Kilometer zu Fuß oder mit dem Fahrrad (über Alte Dorfstraße, Timms Hege, Kupferredder) bis zum Duvenstedter BrookHus. Parkplatz gegenüber dem BrookHus (Ecke Duvenstedter Triftweg/Wiemerskamper Weg).

reste (Allmende), was zu Änderungen in der Pflanzenzusammensetzung führte. Das Weidevieh fraß mit Vorliebe die Triebe von Linde, Ulme und Ahorn. Es verschmähte ungenießbare Pflanzen wie Brombeere, Weißdorn, Ilex und Holunder. Bis in das neunzehnte Jahrhundert hinein wurde der westliche Teil als Allmende genutzt, sodass sich auf seinen nährstoffarmen Sandböden kein Wald mehr behaupten konnte. Hier dehnten sich Heideflächen aus. In den 1920er Jahren wandelte man rund zweihundertdreißig Hektar Heide-, Sumpf- und Moorflächen in landwirtschaftliche Nutzflächen um. In den 1970er Jahren begann die Wiederbelebung der ehemals sehr abwechslungsreichen Landschaft. Durch Rückstaumaßnahmen, Zuschütten von Entwässerungsgräben und Renaturierung von Bachläufen gelang eine Wiederannäherung an den ursprünglichen Zustand. Moose wuchsen, Bruchwald nahm zu, und neue Feuchtwiesen entstanden. Vielen Birken dagegen wurde es zu nass: Sie starben ab.

WIESEN-WACHTELWEIZEN UND HEIDELBEERE

Der Duvenstedter Brook mit seinem Mosaik unterschiedlicher Biotope ist Lebensraum für eine entsprechend vielfältige Pflanzenwelt. Über vierhundert Arten konnten bisher nachgewiesen werden. Auf den noch verbliebenen Hochmoorflächen wachsen beispielsweise der seltene Sonnentau, eine fleischfressende Pflanze, und das Wollgras mit seinen weißen, an Watte erinnernden Fruchtständen. Diese Spezialisten kommen gut mit der hier herrschenden Nährstoffarmut und dem sauren Boden zurecht. Die in der Vergangenheit durch Entwässerung von Mooren entstandenen Heiden bieten besonders im Sommer ein eindrucksvolles Bild. Dann tauchen die Blüten der Besen- und Glockenheide manche Flächen in ein zartes Rosa. Auch die Wiesen sind immer wieder einen Blick wert. Im Mai und Juni blühen an einigen Stellen Orchideen wie das Breitblättrige und das Gefleckte Knabenkraut. Später kommen dann zum Rosa der Lichtnelken das leuchtende Gelb des Hahnenfußes und das Weiß von Mädesüß und Wiesen-Bärenklau hinzu. In den zahlreichen Bächen, Gräben und Teichen sind ebenfalls interessante Pflanzen zu entdecken wie die Krebsschere oder die blassrosa Blütenstände der Wasserfeder. Im Duvenstedter Brook gibt es zwei Arten von Bruchwäldern. Im Nordwesten wachsen Birkenbruchwälder auf nährstoffarmen Torfböden. Der südöstliche Teil ist durch Erlenbruchwälder charakterisiert. Da die feuchten Böden dort reich an Nährstoffen sind, finden zahlreiche Pflanzen gute Lebensbedingungen vor. Hier gedeihen etwa Bach-Nelkenwurz, Hohe Schlüsselblume und Bitteres Schaumkraut.

Wo sich der Duvenstedter Triftweg von einer Autostraße in einen asphaltierten Wanderweg verwandelt, befindet sich der Haupteingang zum Naturschutzgebiet. Da das BrookHus an diesem warmen Sommertag gerade geöffnet hat, statten wir ihm einen kurzen Besuch ab. Dann verharren wir noch eine Weile vor dem Insekten-Hotel außerhalb des Informationshauses und beobachten einige Wildbienen und andere Bewohner. Jetzt geht's los. Wir entscheiden uns für den Pfad, der rechts vom Triftweg und parallel dazu an einem landwirtschaftlich genutzten Gelände entlangführt. Linker Hand begleitet ein mit Eichen, Ahornen, Birken und anderen Bäumen bewachsener Erdwall den Weg, vermutlich ehemals ein Knick. Auf einer der knorrigen Eichen brütet manchmal ein Uhu-Paar. Eine rohe Holzbank lädt dazu ein, einen Blick in die Landschaft zu genießen. Über uns kreist ein Mäusebussard, und aus dem Wald auf der anderen Seite kommen zwei Rehe. Als wir auf den Boden schauen, sehen wir gleich neben der Bank eine kleine gelbblühende Pflanze. Es ist der **WIESEN-WACHTELWEIZEN**. Sein Name ist irreführend, denn er kommt fast nie auf Wiesen vor. Der Wiesen-Wachtelweizen bewohnt vor allem lichte Wälder und deren Ränder. Mit einem Trick lockt diese Pflanze nektar- und pollensuchende Insekten herbei, um sich von ihnen bestäuben zu lassen. Sie besitzt auf der Unterlippe ihrer schmalen länglichen Blüten zwei tiefgelbe Höcker, die Staubblättern

Wiesen-Wachtelweizen

ähneln und zusätzlich noch einen verlockenden Duft verströmen. Jetzt kommt auch schon eine Hummel angeflogen und taucht mit ihrem langen Rüssel weit in die Blütenröhre hinein. Dort findet sie die begehrte zucker- und eiweißreiche Nahrung. Bienen mit ihrem kurzen Rüssel können allerdings nicht auf diese Weise an den tief in der Blüte befindlichen Nektar und Pollen gelangen. Doch sie behelfen sich, indem sie einfach ein Loch in das schmale Röhrenende beißen und so auch mit ihrem kurzen Rüssel Erfolg haben. Der Wiesen-Wachtelweizen hat leider nichts davon, denn zur Bestäubung kommt es wegen dieses »Nektardiebstahls« nicht.

Jetzt geht es weiter. Bei der nächsten Möglichkeit verlassen wir den schmalen Weg und wandern nun auf dem Hauptweg. Er führt über die Röthbek hinweg, die sich hier durch einen Erlenbruch schlängelt. Ein aufgelockerterer Bruch mit Birken, Eichen, Kiefern und Weidengebüsch schließt sich an. Ein Bruchwald zeichnet sich dadurch aus, dass die Bäume oft im Wasser stehen. Ihm hat der Duvenstedter Brook auch seinen Namen zu verdanken, denn das Wort »Brook« ist eine alte Bezeichnung für Bruchwald. Wo der Reitweg nach rechts abbiegt, endet der Asphalt. Nur wenige Schritte weiter ändert sich die Aussicht. Statt auf Bruchwald haben wir jetzt weiten Blick auf Moor-

WIESEN-WACHTELWEIZEN (Melampyrum pratense) [BLÜTE] Gelb mit langer, gerader Röhre. [BLÜTEZEIT] Juni bis September. [BLATT] Lineal lanzettlich, ganzrandig. [VORKOMMEN] Lichte Laub- und Mischwälder, Nadelwälder, Waldränder, Heiden, Hochmoore. [WISSENSWERTES] Die schwach giftige Pflanze ist ein Halbparasit. Sie kann mit ihren grünen Blättern zwar selbständig Photosynthese betreiben, muss aber mit besonderen Saugorganen die Wurzeln von Fichten und anderen Pflanzen anzapfen, um so an Wasser und Nährsalze zu gelangen.

heide. An trockeneren Stellen wachsen Pfeifengras, Besenheide und vereinzelt Birken. Dort wo es feuchter ist, findet auch die Glockenheide gute Lebensbedingungen. Im Graben am Wegesrand fließt braunes Moorwasser. Nach kurzer Wanderung gelangen wir an einen kleinen Weiher, der links vom Weg liegt. Er ist von Röhricht umstanden. Im Wasser wächst die seltene Krebsschere. In ihre Blätter sticht das Weibchen der ebenfalls seltenen Libellenart Grüne Mosaikjungfer ihre Eier hinein. Nun erblicken wir in Ufernähe die rosafarbenen Blüten des **GEWÖHNLICHEN WASSERDOSTS**. Da dieser Korbblütler bis in den September hinein blüht, also zu einer Zeit, wo viele andere Blumen bereits verwelkt sind, versorgt er auch dann noch viele Insekten mit Nektar. Wir sehen einige Schwebfliegen und Bienen. Zu den Schmetterlingen, die den Gewöhnlichen Wasserdost als Nektartankstelle nutzen, zählen beispielsweise der Admiral, das Tagpfauenauge, der Distelfalter und das Große Ochsenauge. Aber auch das Landkärtchen gehört dazu, wie wir gerade beobachten können. Der Name dieses kleineren Tagfalters kommt vom Zeichnungsmuster auf seiner Flügelunterseite. Dieses ähnelt nämlich einer Landkarte.

Gewöhnlicher Wasserdost

GEWÖHNLICHER WASSERDOST (Eupatorium cannabinum) [BLÜTE] In jedem Blütenkörbchen dieser hochwachsenden Pflanze befinden sich vier bis sechs rosafarbene Röhrenblüten. [BLÜTEZEIT] Juli bis September. [BLATT] Die handförmigen Blätter sind drei- bis fünfteilig. Die Ränder sind lappig gezähnt. [VORKOMMEN] Ufer von Teichen, Gräben und Bächen, feuchte Wiesen, Waldränder. [WISSENSWERTES] Früher galt der Gewöhnliche Wasserdost als Heilpflanze, etwa bei Leber- und Gallenleiden. Heute ist seine Giftigkeit bekannt. Er enthält nämlich Alkaloide, die die Leber schädigen und sogar Krebs auslösen können. Der Artname »cannabinum« kommt aus dem Griechischen und bezieht sich auf das hanfartige Aussehen der Blätter. Mit dem Hanf ist der Gewöhnliche Wasserdost allerdings nicht näher verwandt.

Wieder auf dem Wanderweg zurück, haben wir nach einigen Schritten eine schöne Aussicht auf eine weitläufige Wiesenlandschaft. Wo sich die Röhrichtzone verschiedener Moorgewässer vermuten lässt, segelt eine Rohrweihe niedrig über das Gelände. Die feuchten Wiesen bieten vielen Pflanzen einen idealen Lebensraum, darunter auch seltene Orchideen wie das purpurrote Breitblättrige Knabenkraut. Das ist allerdings schon seit einigen Wochen verblüht. Nicht selten ist dagegen das **ECHTE MÄDESÜSS**. An vielen Stellen können wir seine weißen Blütendolden erkennen. Die zu den Rosengewächsen gehörende Pflanze duftet leicht süßlich. Wir können ihren Geruch vom Weg aus aber nicht wahrnehmen. Und die Wiesen zu betreten verbietet sich natürlich, ganz besonders in einem Naturschutzgebiet. In früheren Zeiten nahm man die Blüten vom Echten Mädesüß zum Würzen und Süßen von Honigwein, auch Met genannt. Daher könnte der Name dieser Pflanze stammen. Es gibt aber noch eine weitere Erklärung. Der Name »Mädesüß« könnte auch vom süßen Duft, den die Pflanze nach dem Abmähen verströmt, der sogenannten »Mahdsüße«, kommen. Mit süßen Mädchen hat das Echte Mädesüß natürlich nichts zu tun.

Echtes Mädesüß

ECHTES MÄDESÜSS (Filipendula ulmaria) [BLÜTE] Doldenrispen mit kleinen weißen, fünfzähligen Blüten. [BLÜTEZEIT] Juni bis August. [BLATT] Gefiedert mit weißfilziger Unterseite. Größere Fiederblättchen wechseln sich mit kleineren ab. Blattränder gesägt. [VORKOMMEN] Feuchtwiesen, Ufer von Gräben, Bächen und Teichen, Auwälder. [WISSENSWERTES] Das Echte Mädesüß ist eine vielseitige Heilpflanze. So finden sich beispielsweise in seinen Blüten schmerzlindernde und fiebersenkende chemische Substanzen. Ein im Labor synthetisierter Abkömmling dieser Stoffe, die Acetylsalicylsäure, ist in der bekannten Aspirin-Tablette enthalten. Der Name dieses Medikaments stammt von einer früheren wissenschaftlichen Bezeichnung des Echten Mädesüß: »Spiraea ulmaria«.

Schwanenblume

Beim Försterhaus biegen wir nach links ab in den Langenreiher Weg. Vorbei geht's an Mischwald und Wiesen. Aus einem einzeln stehenden Baum ist ein Baumpieper zu hören, und ein Graureiher überquert die feuchte Grasflur mit geruhsamem Flügelschlag. Um die Artenvielfalt auf den Wiesen zu erhalten, werden die meisten Grasflächen regelmäßig gemäht. Sonst könnten sich beispielsweise die lichtliebenden Orchideen nicht gegen höher wachsende Pflanzen behaupten. Die Mahd findet allerdings erst ab dem Juli statt. Dann sind die Samen der meisten Blumen bereits verteilt, und der Vogelnachwuchs ist ausgeflogen. Bald gelangen wir an eine Wegkreuzung und gehen links weiter auf dem Bültenkrugweg. Nach ein paar Schritten kommen wir an zwei Teichen vorbei und sehen am Ufer des auf der linken Seite liegenden Gewässers eine **SCHWANENBLUME**. Ihren Namen hat diese Staude vom schwanenhalsartig gebogenen Griffel, der auf dem Fruchtknoten ihrer Blüten sitzt. Dass wir einer Schwanenblume begegnen, ist nicht selbstverständlich. Diese attraktive Röhrichtpflanze steht bereits auf der Vorwarnliste der bedrohten Arten der Bundesrepublik Deutschland. Um auf die Ursachen der Bestandsrückgänge aufmerksam zu machen, wurde die Schwanenblume im Jahr 2014 von der Hamburger Loki Schmidt Stiftung zur Blume des Jahres gekürt. Sie ist nicht nur schön anzusehen, sondern spielt auch in der

SCHWANENBLUME (Butomus umbellatus) [BLÜTE] Dolden aus rosafarbenen bis weißen Blüten. [BLÜTEZEIT] Juni bis August. [BLATT] Grundständig, grasartig linealisch. [VORKOMMEN] Ufer von Teichen, Seen, Gräben und langsam fließenden Bächen und Flüssen. [WISSENSWERTES] Die Schwanenblume findet auch als Nutzpflanze Verwendung. Ihre grasähnlichen Blätter wurden früher zu Körben und Matten verarbeitet. Da der Wurzelstock der Schwanenblume sechzig Prozent Stärke enthält, wird er heute in manchen Teilen Asiens zu einer Art Brot gebacken. Früher diente der Wurzelstock in Notzeiten auch bei uns als Nahrung.

Silber-Weide

Natur eine wichtige Rolle. Ihre Blüten liefern Fliegen, Schwebfliegen, Bienen, Hummeln und anderen Insekten reichlich Nahrung. Da die Schwanenblume ein pflegeleichtes Gewächs ist, wird sie gern als Zierpflanze kultiviert. Sie gedeiht gut am Gartenteich, aber auch im Mini-Teich in einer Schale auf der Terrasse oder dem Balkon. Um ihre Bestände zu schonen, darf die Schwanenblume auf keinen Fall der freien Natur entnommen werden.

Bevor wir weitergehen, schauen wir noch kurz auf den Uferbewuchs des zweiten Teichs. Dort entdecken wir den Kalmus. Seine schwertförmigen Blätter ähneln denen der Sumpf-Schwertlilie. Sie sind aber am Rand oft etwas gewellt. Aus dem Rhizom dieser Sumpfpflanze gewinnt man Kalmusöl, das für die Herstellung von Magenbitter verwendet wird. Auf unserem weiteren Weg passieren wir Birkenbruchwald und einen Beobachtungsplatz, von wo man mit etwas Glück den Seeadler oder Kraniche bewundern kann. Einige Schritte weiter stehen wir vor einer alten Kopfweide. Es ist eine **SILBER-WEIDE**, deren charakteristische Form darauf zurückgeht, dass man ihr früher regelmäßig die ein- bis vierjährigen Triebe abschnitt, um daraus Körbe und Kinderwagen zu flechten oder den Herd damit zu beheizen.

SILBER-WEIDE (Salix alba) [**BLÜTE**] Kätzchenartige Blütenstände; männliche und weibliche auf verschiedenen Bäumen. [**BLÜTEZEIT**] April bis Mai. [**BLATT**] Silbrig erscheinend, schmal lanzettlich. Blattrand fein gesägt. [**VORKOMMEN**] Auwald, feuchtes Grünland, an Gräben, Bächen und Seen. [**WISSENSWERTES**] Durch wiederholten Schnitt der Silber-Weide können Bakterien und Pilze in den Baum eindringen und ihn, durch Frost und Regen unterstützt, allmählich aushöhlen. Die Höhle bietet vielen Tieren wie etwa Insekten, Vögeln und Fledermäusen Lebensraum. Auf der Mulmschicht des Höhlenbodens siedeln sich auch Pflanzen wie Farne und Gräser an.

Heute lohnt es sich wirtschaftlich nicht mehr, die Kopfweiden alle paar Jahre »auf den Stock zu setzen«. Aber es gibt ja glücklicherweise immer wieder engagierte Naturschützer, die das Zurückschneiden der landschaftsprägenden Kopfweiden übernehmen. Sonst würden diese ausladende Kronen bilden, unter deren Last die Bäume zusammenbrechen könnten.

Nach kurzer Wanderung sehen wir auf den wiedervernässten Resten eines Hochmoors viele Wollgräser mit ihren kleinen weißen Wattebäuschen. Das sind aber nicht die Blüten, sondern die Fruchtstände dieser Moorpflanzen. Die einzelnen Früchte mit ihren langen Haaren können vom Wind weit fortgetragen werden. Jetzt gehen wir nach links auf einem schmalen, urigen Wanderweg und kommen zum Alten Grenzwall. Er führt uns durch Bruch- und Mischwald und vorbei an größeren Moor- und Heideflächen. Hier blühen Besen- und Glockenheide. An ganz wenigen Stellen wachsen auch die seltenen Hochmoorpflanzen Rosmarinheide, Moosbeere und Sonnentau. Auf dem Waldboden rechts vom Grenzwall erblicken wir größere Bestände der **HEIDELBEERE**, auch Blaubeere genannt. Hier im Brook dürfen wir natürlich nicht von den aromatisch schmeckenden und gesunden Früchten naschen. Doch die Heidelbeere ist nicht selten,

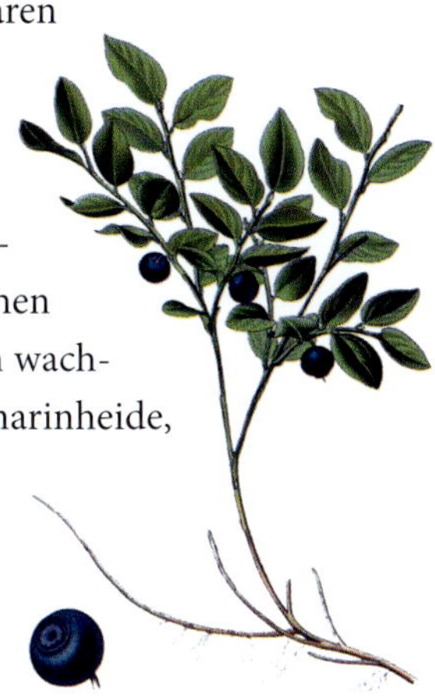

Heidelbeere

HEIDELBEERE (Vaccinium myrtillus) [**BLÜTE**] Die kugelige Einzelblüte ist grünlich bis rötlich gefärbt. [**BLÜTEZEIT**] April bis August. [**BLATT**] Eiförmig bis elliptisch, am Rand fein gezähnt. [**VORKOMMEN**] Wälder, moorige Heiden. [**WISSENSWERTES**] Die Heidelbeere schmeckt nicht nur köstlich, sie ist auch gesund. So soll die vitaminreiche Frucht getrocknet oder als Saft bei leichtem Durchfall helfen. Auch in der Küche findet die Heidelbeere Verwendung, beispielsweise für Marmelade oder als Tortenbelag.

und sicher gibt es woanders Gelegenheit, sie zu pflücken. Und wer dazu keine Lust hat, kann sich auch im Supermarkt bedienen. Diese Kulturheidelbeeren stammen allerdings nicht von einheimischen Pflanzen, sondern von der Amerikanischen Heidelbeere. Die ist größer, schmeckt allerdings weniger aromatisch. Außerdem färbt sie die Zunge nicht so schön blau wie unsere wildwachsende Heidelbeere, denn sie enthält weniger blaue Farbstoffe.

Reichlich von der Natur beschenkt, gelangen wir wieder auf den Duvenstedter Triftweg und wandern dann rechts zurück in Richtung Brook-Hus.

HINWEISE

➔ Näheres zur Brook-Landschaft ist im Duvenstedter BrookHus des NABU am Duvenstedter Triftweg 140 zu erfahren, www.hamburg.nabu.de, Telefon 040/607 246 6. Öffnungszeiten: Februar, März und November am Samstag von 12 bis 16 Uhr, an Sonn- und Feiertagen von 10 bis 16 Uhr. April bis Oktober von Dienstag bis Freitag 14 bis 17 Uhr, am Samstag 12 bis 18 Uhr, an Sonn- und Feiertagen 10 bis 18 Uhr. ➔ Der NABU bietet auch naturkundliche Führungen an, die sich genauer mit der Pflanzenwelt des Brooks beschäftigen. ➔ Während der Brutzeit der Vögel im Frühjahr und der Brunftzeit der Hirsche im Herbst sind bestimmte Wege gesperrt. Infos beim NABU. ➔ Eine gute Gebietskarte hat die Behörde für Umwelt und Energie herausgegeben, www.hamburg.de/bue/, Telefon 040/428 403 416. ➔ Hunde sind im Brook nicht zugelassen.

EIGENE BEOBACHTUNGEN

VON ANIS BIS ZITRONENMELISSE – BELIEBTE KÜCHENKRÄUTER

Liebstöckel, auch als »Maggikraut« bekannt, verleiht Suppen und Eintopfgerichten eine würzige Note. Thymian verfeinert mit seinem scharfen, leicht bitteren Geschmack Saucen und Marinaden, und mit dem süßlichen Aroma von Anis gelingen köstliche Plätzchen. Was wäre die Küche ohne die Küchenkräuter! Botanisch gehören viele von ihnen entweder zur Pflanzenfamilie der Doldenblütler (z.B. Liebstöckel und Kümmel) oder zu den Lippenblütlern (z.B. Lavendel und Thymian).

Heimat vieler Küchenkräuter wie Anis, Borretsch oder Dill ist der Raum rund um das Mittelmeer, wo die Sommer oft heiß und trocken sind. Auch in Hamburg lassen sich hier und da an sonnenexponierten Stellen wildwachsende Küchenkräuter entdecken. So kommt Lavendel sehr vereinzelt im Hafengebiet vor und Kümmel im Grünland der Vier- und Marschlande.

Wer frische Küchenkräuter sucht, ist auf Wochenmärkten und im Einzelhandel gut bedient. Thymian & Co »freuen« sich aber auch auf ein sonniges Plätzchen im Garten oder auf dem Balkon.

ANIS
(Pimpinella anisum)
[VERWENDETE TEILE] Samen
[VERWENDUNG] Kuchen, Gebäck

BORRETSCH

(Borago officinalis)

[VERWENDETE TEILE] Blätter, Blüten

[VERWENDUNG] Suppen und Salate

DILL (Anethum graveolens)

[VERWENDETE TEILE] Blätter, Samen

[VERWENDUNG] Gurkensalat, Fischgerichte

KORIANDER

(Coriandrum sativum)

[VERWENDETE TEILE] Blätter, Samen

[VERWENDUNG] Gebäck, Marinaden, Saucen

KÜMMEL

(Carum carvi)

[VERWENDETE TEILE] Samen

[VERWENDUNG] Braten, Brötchen, Sauerkraut

LAVENDEL

(Lavandula angustifolia)
[VERWENDETE TEILE] Junge Blätter und Triebe
[VERWENDUNG] Braten, Fisch- und Gemüsesuppen

LIEBSTÖCKEL

(Levisticum officinale)
[VERWENDETE TEILE] Blätter
[VERWENDUNG] Braten, Suppen, Eintöpfe

THYMIAN

(Thymus vulgaris)
[VERWENDETE TEILE] Blätter
[VERWENDUNG] Gemüse, Saucen, Marinaden

ZITRONENMELISSE

(Melissa officinalis)
[VERWENDETE TEILE] Blätter
[VERWENDUNG] Fisch, Geflügel, Salate

CARL-COHN-STRASSE
HINDENBURGSTRASSE
ÜBERSEERING
ÜBERSEERING
KAPSTADTRING
DAKARWEG
SAARLANDSTIEG
ENTENTEICHE
SIERICHSCHES
GEHÖLZ
OTTO-WELS-STRASSE
SAARLANDSTRASSE
KURGARTEN
SÜDRING
MODELLBOOT-
TEICH
BORGWEG
MARIA-LOUISEN-STRASSE
OPITZSTRASSE
KROHNSKAMP
POSSMOORWEG
GOLDBEKUFER
SEMPERUFER
GROSSHEIDESTRASSE
WIESENDAMM
SAARLANDSTRASSE

STADTPARK

Ein spontanes Fußballspiel auf der großen Festwiese, ein erholsamer Spaziergang unter alten Bäumen im Sierichschen Gehölz oder ein Open Air Konzert auf der Freilichtbühne – der knapp 150 Hektar große Hamburger Stadtpark bietet allen etwas. Selbst Fans von Modellbooten kommen auf ihre Kosten, können sie doch ihre Lieblinge auf einem künstlich angelegten Mini-Teich schwimmen lassen. Auch »Sternengucker« werden im Stadtpark fündig. Im ehemaligen Wasserturm auf dem höchsten Punkt des Parks wandern die Himmelskörper über die Kuppeldecke des Planetariums. Die beliebte Grünanlage in der Nachbarschaft von Winterhude, Alsterdorf und Barmbek wurde am 1. Juli 1914 als »öffentlicher Volksgarten« eingeweiht. Den Stadtvätern ging es um frische Luft und Erholung für die damals stark anwachsende Bevölkerung. Nach den Plänen des Baudirektors Fritz Schumacher war eine klar gegliederte Parkarchitektur mit Wäldchen, großen Wiesenflächen, Gartenanlagen und See entstanden.

KNOBLAUCHSRAUKE UND BUSCHWINDRÖSCHEN

Bäume, Sträucher, Hecken, Zierpflanzen und Wildkräuter – mit seinen vielen einheimischen und exotischen Gewächsen ist der abwechslungs-

Der Hamburger Stadtpark ist dank seiner zentralen Lage gut zu erreichen. U -Bahn (U3) bis Saarlandstraße oder Borgweg, S -Bahn (S1, S11) bis Alte Wöhr, Buslinien 179 bis Stadtpark (Planetarium) und 20 bis Ohlsdorfer Straße. Autofahrer finden viele Parkmöglichkeiten.

reich gestaltete Stadtpark eine grüne Lunge mitten in Hamburg. Einige wollen wir auf unserem Frühlingsspaziergang entlang seiner Hauptachse von Ost nach West etwas näher kennenlernen. Er beginnt am Modellboot-Teich nahe der U-Bahn-Haltestelle Saarlandstraße und endet beim ehemaligen Kurgarten nicht weit entfernt von der Haltestelle Borgweg. Zuerst gehen wir in Richtung des von alten Blutbuchen umstandenen Pinguinbrunnens und gelangen anschließend in den geometrisch angelegten Rosengarten. Gleich in dessen Nähe können wir exotische Gehölze wie die Zaubernuss oder den Trompetenbaum bewundern. Weiter geht's am Rhododendronpfad vorbei zu den naturnah gestalteten Ententeichen. Neben Erlen und Weiden werden wir dort auch Sumpfzypressen sehen. Nun spazieren wir zum Sierichschen Gehölz im Westteil des Stadtparks. Dort können wir uns unter alten Buchen, Eichen und Ahornen am Gesang der Vögel erfreuen und vielleicht den einen oder anderen Frühblüher entdecken. Zum Schluss unserer pflanzenkundlichen Kurzwanderung gehen wir noch kurz durch den ehemaligen Kurgarten, in dessen denkmalgeschützter Trinkhalle sich heute ein Café befindet.

Knoblauchsrauke

KNOBLAUCHSRAUKE (Alliaria petiolata) [BLÜTE] Kleine weiße Blüten in endständigen Trauben. [BLÜTEZEIT] April bis Juni. [BLATT] Herz- bis nierenförmig, der Rand ist buchtig gezähnt. [VORKOMMEN] Ränder von Laubwäldern, Gebüsche, Hecken, Gärten und Parks. [WISSENSWERTES] Früher fand die Knoblauchsrauke auch als Heilkraut Verwendung. Sie sollte als Saft oder Tee bei Erkrankungen der Atemwege helfen. Für manche Insekten spielt diese Pflanze eine große Rolle. So trinken die Schmetterlingsarten Waldbrettspiel und Aurorafalter von ihrem Nektar. Für den Aurorafalter sind zudem die Blätter der Knoblauchsrauke ein wichtiges Raupenfutter.

Für den Spaziergang haben wir uns einen sonnigen Frühlingsmorgen ausgewählt. Dann ist der Stadtpark noch nicht so belebt, und wir können in aller Ruhe in die Pflanzenwelt eintauchen. Beim Modellboot-Teich genießen wir erst einmal einen Blick in die Weite der beliebten Parkanlage: im Vordergrund der Stadtparksee, dahinter die große Festwiese und als Abschluss der ehemalige Wasserturm, der heute als Planetarium genutzt wird. Ein großer Ginkgo fällt uns auf. Diese aus Ostasien stammende Baumart existiert seit über 300 Millionen Jahren. Während dieser unvorstellbar langen Zeit hat sie sich in ihrem Aussehen kaum verändert. Deshalb wird der Ginkgo auch als »lebendes Fossil« bezeichnet. Es gibt männliche und weibliche Ginkgo-Bäume. Letztere machen sich im Herbst oft unangenehm bemerkbar, stinken doch ihre kugelförmigen orangegelben Samen nach Erbrochenem. Weiter geht's. Auf dem Weg zum Pinguinbrunnen entdecken wir am Boden die frischen grünen Blätter einer **KNOBLAUCHSRAUKE**. Noch blüht sie nicht. Ihren Namen hat diese zu den Kreuzblütlern gehörende krautige Pflanze von ihrem Geruch. Das wollen wir einmal testen. Wir pflücken uns ein Blatt ab, zerreiben es zwischen den Fingern und halten es dann unter die Nase. Und tatsächlich: Es riecht nach Knoblauch. Und es schmeckt auch danach. Das ist schon seit langer Zeit bekannt. So nutzten im Mittelalter arme Menschen, die sich teure Gewürze nicht leisten konnten, das knoblauchartige Aroma dieser nicht seltenen Pflanze zum Verfeinern mancher ihrer Speisen. Auch heute weiß man in der moderne Kräuterküche den scharfen Geschmack der Knoblauchsrauke wieder zu schätzen und würzt mit ihren feingehackten Blättern Salate und Frischkäsezubereitungen. Es müssen aber junge Blätter sein, denn ältere haben schon den größten Teil ihres von flüchtigen Senfölen verursachten Aromas verloren.

Jetzt sind wir am Pinguinbrunnen angelangt und freuen uns über die sechs lustigen Pinguinfiguren. Sie hocken auf einem achteckigen Brunnentrog, der in einem runden Wasserbecken steht. In der Mitte dieses Trogs plätschert eine kleine Fontäne. Umgeben ist die kreisförmige, dicht bewachsene Anlage des Pinguinbrunnens von alten Blutbuchen. Noch tragen sie nicht ihre schwarzroten Blätter. Blutbuchen sind aus Rotbuchen durch Mutation, also durch spontane Änderung des Erbguts, entstanden. Wir verlassen nun den fast magisch wirkenden Pinguinbrunnen und betreten den großen Rosengarten mit seinen vier quadratischen Teilgärten. Jetzt blüht die »Königin der Blumen« noch nicht, aber im Sommer entfaltet sie hier zwischen Stauden und Gräsern ihre ganze Farbenpracht. In unmittelbarer Nähe des Rosengartens wachsen viele interessante Bäume. Einige davon sind nicht heimisch bei uns, etwa der gerade blühende Persische Eisenholzbaum und der mächtige, aus Amerika stammende Trompetenbaum. Er ist schon so alt, dass er abgestützt werden muss. Jetzt geht es weiter in Richtung der Ententeiche. Wir überqueren einen Rhododendronpfad, wo verschiedene Hinweisschilder auf die unterschiedlichen hier zu sehenden Sorten aufmerksam machen, und erreichen nach kurzer Zeit die

Kornelkirsche

KORNELKIRSCHE (Cornus mas) [BLÜTE] Kugelige Dolden aus vierzähligen gelben Blüten. [BLÜTEZEIT] März bis April. [BLATT] Eiförmig-elliptisch mit glattem Rand. [VORKOMMEN] Lichte Wälder, Hecken, Gärten, Parks und Friedhöfe. [WISSENSWERTES] Wer die süßsäuerlich schmeckenden und reich an Vitamin-C-haltigen Früchte der Kornelkirsche roh nicht mag, kann sie unter Zugabe von Zucker zu Marmelade, Kompott oder Fruchtsaft verarbeiten. Das Holz der Kornelkirsche ist besonders hart. Das wussten bereits die alten Griechen und Römer und stellten daraus ihre Lanzen und Speere her. Auch das Trojanische Pferd soll der Sage nach aus Kornelkirschen-Holz gefertigt worden sein.

beiden idyllisch gelegenen Weiher. Zuerst fällt uns eine **KORNELKIRSCHE** auf. Sie gehört zur Familie der Hartriegelgewächse und ist bereits voller kleiner goldgelber Blüten, die leicht nach Honig duften. Blätter fehlen allerdings noch. Sie haben, wie bei dem nahverwandten Blutroten Hartriegel, kräftige, gebogene Blattadern. Die Kornelkirsche ist mit der Hasel der am frühesten blühende heimische Wildstrauch. Das freut besonders Bienen und Schmetterlinge wie den Zitronenfalter, finden sie doch hier ihren ersten Nektar nach dem langen Winter. Im Spätsommer ist die Kornelkirsche wieder für andere Tiere interessant. Sie trägt dann nämlich ihre länglichen, glänzend-roten Steinfrüchte, die von Vogelarten wie Kernbeißer und Gimpel, aber auch von Säugern wie Haselmaus und Siebenschläfer gern gefressen werden. Die Früchte der Kornelkirsche enthalten zwar wie unsere Kirschen einen Kern, sind aber nicht näher mit ihnen verwandt.

Wir verweilen noch ein wenig in diesem naturnahen Feuchtbiotop. Früher gab es hier noch sumpfiges Gelände. Später wurden dann die heute teilweise von Schilf umgebenen Ententeiche angelegt. Und wir sehen tatsächlich einige Stockenten, die nach Nahrung gründeln. Auch zwei Haubentaucher und einige Blässhühner sind unterwegs. Am Ufer fangen schon die ersten Sumpfdotterblumen an zu blühen. Später im Jahr kommen dann die großen gelben Blüten der Sumpf-Schwertlilie und die rosafarbenen Dolden des Wasserdosts hinzu. Neben Weiden, Erlen und anderen Bäumen fällt unser Blick jetzt auf eine große Sumpfzypresse. Hier am Ufer findet dieser sommergrüne Nadelbaum gute Lebensbedingungen. Er liebt nasse Standorte und steht nicht selten auch im seichten Wasser. Besonders schön ist die Sumpfzypresse im Herbst. Dann leuchtet sie in rotbrauner Farbe, bevor sie ihre benadelten Kurztriebe abwirft. Wir haben nun genug gesehen und gehen in westlicher Richtung weiter. Unter Bäumen nahe am Weg blüht auf einer feuchten Wiese das **SCHARBOCKSKRAUT**. Seine glänzend-grünen Blätter sind reich an Vitamin C und haben einen herben, leicht scharfen Geschmack. Sie eignen sich als kleine Beigabe zu Salaten und Quarkspei-

sen. Die Blätter dürfen allerdings nur gepflückt werden, bevor die Pflanze anfängt zu blühen. Danach enthalten sie das giftige Protoanemonin, und ein Verzehr führt zu Übelkeit, Erbrechen und Durchfall. Seinen Namen hat das Scharbockskraut von dem Wort »Scharbock«. Das ist eine alte Bezeichnung für die Vitamin-C-Mangelkrankheit »Skorbut«. Darunter litten im Mittelalter besonders die Seefahrer, denn es fehlte ihnen auf den langen Reisen oft ausreichend Obst und Gemüse. Das führte zu gravierenden Folgen wie Zahnausfall und Schlimmerem. Hatten die Seeleute allerdings genügend Frischkost an Bord, wozu damals auch das Scharbockskraut gehörte, blieben sie meist von der Krankheit verschont.

Scharbockskraut

Es geht weiter zum Sierichschen Gehölz. Auf dem Weg dorthin vermittelt uns ein Baumlehrpfad Wissenswertes über die Zypresse, den Ahorn und andere im Stadtpark wachsende Bäume. Vorbei an einer frisch gepflanzten Weymouth-Kiefer gelangen wir zum oberen Ende der am großen Planschbecken beginnenden Spielwiese. Hier können wir eine hohe dreistämmige Hänge-Birke bewundern oder zwei große Tulpenbäume. Wir sehen auch Robinien. Sie haben eine tief gefurchte Borke und beginnen wie die Tulpenbäume im Mai zu blühen. Jetzt stehen wir vor einer mächtigen, vier-

SCHARBOCKSKRAUT (Ficaria verna) [**BLÜTE**] Sternförmig, acht bis zwölf glänzende, goldgelbe Blütenblätter. [**BLÜTEZEIT**] März bis Mai. [**BLATT**] Glänzend, rundlich bis herzförmig. Rand stumpf gezähnt. [**VORKOMMEN**] Auwälder, Laubwälder, Wiesen, Parks und Gärten. [**WISSENSWERTES**] Das Scharbockskraut ist ein Frühblüher. Zuerst erscheinen die Blätter, dann die Blüten. Diese krautige Pflanze bildet nur selten Samen aus, sondern vermehrt sich ungeschlechtlich durch Brutknöllchen. Diese befinden sich in den Achseln der Laubblätter und lösen sich leicht von der verwelkenden Pflanze ab.

stämmigen **ROT-BUCHE**. Ihre hellgraue glatte Rinde erinnert an die Haut eines Elefanten. Rot wie bei der Blutbuche sind die Blätter der Rot-Buche allerdings nicht. Das können wir auch sehen, denn die ausladende Krone hat sich schon mit dem ersten zarten Grün geschmückt. Das »Rot« im Namen bezieht sich auf die Farbe des leicht rötlich gefärbten Holzes dieses Baums. Es wird zu Möbeln verarbeitet und findet Verwendung in der Herstellung von Wäscheklammern, Frühstücksbrettern und anderen Alltagsgegenständen. Zusammen mit dem Laubaustrieb der Rot-Buche erscheinen auch ihre Blüten. Später im Herbst entwickeln sich daraus die bekannten Früchte, die Bucheckern. Ihre dreieckigen, ölreichen Samen sind leicht giftig und sollten deshalb lieber nicht verzehrt werden. Für einige Tiere sind Bucheckern aber eine wichtige Nahrung. Manche Arten wie die Rötelmaus und das Eichhörnchen legen für den Winter sogar Depots aus Bucheckern an. Da sie nicht jedes Versteck behalten, können die dort gelagerten Samen wieder auskeimen. So leisten diese Tiere einen Beitrag zur Verbreitung der Rot-Buche.

Rot-Buche

ROT-BUCHE (Fagus sylvatica) **[BLÜTE]** Männliche hängende Blütenstände und weibliche aufrecht stehende Blütenstände auf einem Baum **[BLÜTEZEIT]** April bis Mai. **[BLATT]** Eiförmig bis elliptisch, Rand leicht gewellt. **[VORKOMMEN]** Wälder, Parks, Friedhöfe, größere Gärten. **[WISSENSWERTES]** Die Rot-Buche ist der häufigste Laubbaum in unseren Wäldern. Wie wichtig sie für die Atmung des Menschen ist, zeigt folgendes Beispiel: Eine 150-jährige Rot-Buche besitzt rund 800 000 Blätter, mit denen sie an einem sonnigen Tag durch Photosynthese etwa 11 000 Liter Sauerstoff produziert. Das entspricht in ungefähr dem Tagesbedarf von 26 Menschen.

Frühe Traubenkirsche

Da die Bäume auf der Spielwiese viel Platz haben, können sie sich wunderbar entfalten. Das zeigen auch die breiten Kronen der großen Walnussbäume und Baumhaseln. Bevor wir die Otto-Wels-Straße überqueren, kommen wir noch an einem Winterschneeball vorbei und genießen den angenehmen Vanilleduft seiner blassrosa Blüten. In manchen Jahren beginnt er schon im November zu blühen. Jetzt nähern wir uns dem Sierichschen Forsthaus. In diesem denkmalgeschützten Gebäude wohnte früher der Förster des Sierichschen Gehölzes. Heute ist es Sitz des Stadtparkvereins. Wir entdecken wieder einen schön blühenden Strauch. Diesmal ist es eine **FRÜHE TRAUBENKIRSCHE**. Diese zur Familie der Rosengewächse gehörende Pflanze hat ihren Namen von den in Trauben angeordneten Blüten und Früchten. Die kleinen weißen Blüten riechen ein wenig streng, was Schwebfliegen, Bienen, Schmetterlinge und andere Insekten aber nicht davon abhält, ihren Nektar zu trinken und sie dabei gleichzeitig zu bestäuben. Für Schmetterlinge sind auch die Blätter der Frühen Traubenkirsche interessant. Sie dienen den Raupen mancher Nachtfalter als begehrte Nahrung. Dazu gehört auch die Traubenkirschen-

FRÜHE TRAUBENKIRSCHE (Prunus padus) [BLÜTE] Lange weiße Blütentrauben. [BLÜTEZEIT] April bis Mai. [BLATT] Eiförmig bis elliptisch, Rand schwach gezähnt.[VORKOMMEN] Auwälder, Waldränder, Parks, Friedhöfe, Gärten. [WISSENSWERTES] Während die Frühe Traubenkirsche zu den einheimischen Pflanzen zählt, ist die etwas später blühende Späte Traubenkirsche ein Neophyt. Ihre Heimat ist Nordamerika. Von dort gelangte sie im Jahr 1623 als Ziergehölz nach Europa. Seitdem breitet sie sich schnell aus und dringt auch in wertvolle Biotope wie Heiden, Magerrasen und Feuchtgebiete.

Gespinstmotte. Leider kommt es nicht selten zu einem Massenbefall durch ihre kleinen Raupen. Dann ist die ganze Frühe Traubenkirsche von einem silbrig-glänzenden Netz aus Spinnfäden überzogen. Haben die Raupen schließlich ihre Fresstätigkeit eingestellt und sich verpuppt, erholt sich die Pflanze oft wieder. Auch Vögel wissen die Frühe Traubenkirsche zu schätzen, picken sie doch gern die Raupen von den Blättern und fressen die zuerst rot dann glänzend-schwarz gefärbten kirschenähnlichen Steinfrüchte.

Buschwindröschen

Langsam neigt sich unser pflanzenkundlicher Spaziergang dem Ende zu. Doch vorher gehen wir noch durch das Sierichsche Gehölz, das auch den imposanten Backsteinbau des Planetariums beherbergt. Dieser kleine Laubmischwald ist der älteste Teil des Stadtparks. Sein weit über hundert Jahre alter Baumbestand konnte großenteils der Abholzung nach dem Zweiten Weltkrieg entgehen. Das lichte Unterholz ist durchsetzt von Farnen und Brennnesseln. Eine Ringeltaube gurrt ausdauernd und fliegt dann mit lautem Flügelklatschen ab. Unter alten Rot-Buchen, die ihr Laub noch nicht voll entfaltet haben, sehen wir die sternförmigen weißen Blüten vieler **BUSCHWINDRÖSCHEN**. Noch haben sie genügend

BUSCHWINDRÖSCHEN (Anemone nemorosa) [**BLÜTE**] Nur eine weiße Blüte aus sechs bis acht außen oft rosa überlaufenen Blütenblättern. [**BLÜTEZEIT**] März bis Mai. [**BLATT**] Drei, an einem Punkt des Stängels angeordnete tief eingeschnittene Blätter. [**VORKOMMEN**] Laub-, Misch- und Nadelwälder, Gebüsche, Parks, Gärten. [**WISSENSWERTES**] Das Buschwindröschen bildet oft größere Blütenteppiche. Das liegt auch an den vielen Verzweigungen seines waagerecht im Boden wachsenden Rhizoms. Aus jeder Verzweigung sprießen wieder zwei neue Blütentriebe, sodass am Ende hundert und mehr Blüten zu einer einzigen Pflanze gehören können. Mit dem Buschwindröschen eng verwandt ist das Gelbe Windröschen. In Hamburg wächst es beispielsweise in den Naturschutzgebieten Rodenbeker Quellental und Wohldorfer Wald.

Licht. Wenn später das Blätterdach geschlossen ist und der Waldboden im Schatten liegt, verblühen sie wieder. Die Buschwindröschen gehören wie auch das Scharbockskraut, dem wir vorhin begegnet sind, zu den Frühblühern. Sie nutzen die kurze Zeit vor der Belaubung der Sträucher und Bäume für Wachstum und Entwicklung und vermeiden so, beim Kampf ums Licht zu unterliegen. Dass die Buschwindröschen im Frühling so rasch aus dem Boden sprießen und Blätter für die Photosynthese ausbilden können, verdanken sie ihren unterirdischen Speicher- und Erneuerungsorganen, den Rhizomen. Während der letztjährigen Vegetationsperiode haben sie sich mit wichtigen Nährstoffen wie Stärke gefüllt, die unseren Buschwindröschen jetzt zugutekommen.

Bevor wir nun das Sierichsche Gehölz verlassen, geht es noch ein Stückchen durch den ehemaligen Kurgarten. Hier konnten Hamburgerinnen und Hamburger Anfang des letzten Jahrhunderts in einer von Fritz Schumacher gestalteten Trinkhalle gesundes Heilwasser zu sich nehmen. Das ist heute aber längst vorbei. Dafür können wir uns aber noch ganz gemütlich ins Café setzen und unseren schönen Stadtparkspaziergang Revue passieren lassen.

HINWEISE

Interessante Informationen über den Stadtpark bietet der Stadtparkverein Hamburg e.V. (www.stadtparkverein.de, Telefon (040) 513 283 91). Er veranstaltet auch verschiedene Rundgänge (z.B. Gehölzführung und Kräuterwanderung). *Die »Interaktive Karte Stadtpark« bietet schnelle Information über die Sehenswürdigkeiten des Stadtparks (www.hamburg.de/karte-stadtpark).*

NEU IN HAMBURGS PFLANZENWELT – NEOPHYTEN

Zahlreiche hellviolette Blüten schmücken eine Mauer in Planten un Blomen. Es ist das Zimbelkraut. Dieses wärmeliebende Gewächs gehört zu den Neophyten. Das sind Pflanzen, die hier ursprünglich nicht heimisch waren und sich erst seit geraumer Zeit bei uns etabliert haben. Das Zimbelkraut stammt aus dem Mittelmeerraum, wo es wild in Mauerritzen oder Felsspalten wächst. Im 16. Jahrhundert wurde es als Zier- und Heilpflanze in Mitteleuropa eingebürgert. In Hamburg ist das Zimbelkraut noch recht selten. Es hat aber die Tendenz, sich weiter auszubreiten. Während sich das zierliche Zimbelkraut und viele weitere Neophyten gut in Hamburgs Pflanzenwelt integriert haben, sieht es bei der Kanadischen Goldrute etwas anders aus. Dieser aus Nordamerika stammende Korbblütler wurde ursprünglich als Zierpflanze bei uns eingeführt. Mitte des 19. Jahrhunderts brach die Kanadische Goldrute aus der Kultur aus und verwilderte. Da sie sich durch Ausläufer und eine riesige Samenproduktion schnell ausbreitet, ist sie in Hamburg mittlerweile häufig anzutreffen. Der anspruchslose Neophyt wächst im Auwald und an Gewässerufern genauso wie an Eisenbahnböschungen oder Autobahnen. Im Gegensatz zum Zimbelkraut verdrängt er manchmal auch einheimische Pflanzen.

Im Naturschutzgebiet Eppendorfer Moor kann man nicht überall ungehindert auf den großen Moorteich schauen. An manchen Stellen verhindern dichte Bestände des meterhohen Japanischen Staudenknöterichs den freien Blick auf das Wasser. Diese aus Ostasien stammende Art gelangte im

Zimbelkraut

Jahr 1825 in europäische Parks und verwilderte später. Sie wurde hin und wieder auch von Imkern ausgepflanzt, weil ihre weißlichen Blütenstände eine gute Bienenweide abgeben. Der Japanische Staudenknöterich ist ein sogenannter invasiver Neophyt. Er wuchert so stark, dass er in Hamburg an vielen Stellen wächst und dabei heimischen Pflanzen den Lebensraum streitig macht. Die Bekämpfung dieser problematischen Pflanze ist sehr mühsam und muss nicht selten wiederholt werden. Ein anderer in Hamburg weitverbreiteter Neophyt ist das Drüsige Springkraut, auch Indisches Springkraut genannt. Gärtner aus Dresden säten diese aus dem Himalaja stammende Pflanze im Jahr 1837 zum ersten Mal aus. Später machte sie sich selbständig. In Hamburg ist das Drüsige Springkraut seit etwa vierzig Jahren fest etabliert. Größere Bestände gibt es beispielsweise im Naturschutzgebiet Heuckenlock. Ob dieser Neophyt einheimische Pflanzen bedroht, ist noch nicht endgültig geklärt. Aber in einem wertvollen Naturschutzgebiet hat das Drüsige Springkraut natürlich nichts zu suchen. Deshalb versucht der NABU Hamburg, es mit verschiedenen Aktionen einzudämmen.

Wer sich im Naturschutzgebiet Moorgürtel im Süden Hamburgs die Wasserpflanzen eines Grabens anschaut, wird sicher auch die Kanadische Wasserpest entdecken. Dieser aus Nordamerika stammende Neophyt gelangte im Jahr 1859 durch Aussetzung einiger Pflanzen des Berliner Botanischen Gartens in nahe gelegene Gewässer. Von dort aus besiedelte die Kanadische Wasserpest dann in rasantem Tempo Flüsse, Teiche und Seen in ganz Deutschland. Im Jahr 1864 wurde sie auch für Hamburg nachgewiesen. Für die ungewöhnlich schnelle Ausbreitung dieses Neophyten waren auch Wasservögel verantwortlich. Sie transportierten näm-

Kanadische Goldrute

lich kleine Sprossteile zu immer weiteren Gewässern. Wahrscheinlich trugen auch Aquarianer zum Ausbreitungserfolg der Kanadischen Wasserpest bei, indem sie sich überflüssiger Pflanzen entledigten. Wie problematisch dieser Neophyt damals war, geht aus einer Veröffentlichung des bekannten Heimatdichters Hermann Löns (1866–1914) hervor. Er schrieb am 9. Oktober 1910 im *Hannoverschen Tageblatt*: »Es erhob sich überall ein schreckliches Heulen und Zähneklappern, denn der Tag schien nicht mehr fern, da alle Binnengewässer Europas bis zum Rande mit dem Kraute gefüllt waren, so daß kein Schiff mehr fahren, kein Mensch mehr baden, keine Ente mehr gründeln und kein Fisch mehr schwimmen konnte.« Heute verbreitet sich die Wasserpflanze nicht mehr wie die Pest. Sie hat sich an vielen Stellen sogar gut integriert und gilt als wichtiger Laichplatz für Fische und Amphibien.

Kanadische Wasserpest

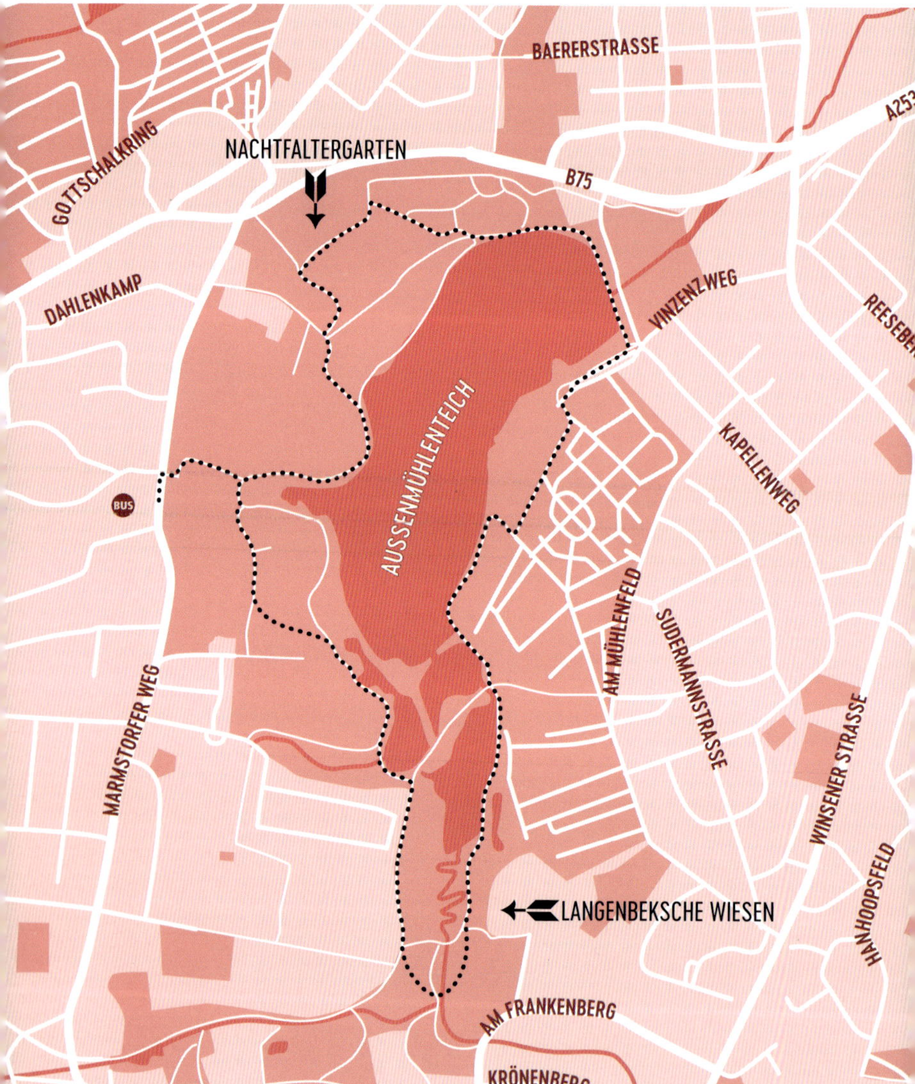
BAERERSTRASSE
A253
GOTTSCHALKRING
NACHTFALTERGARTEN
B75
DAHLENKAMP
VINZENZWEG
REESEBE
AUSSENMÜHLENTEICH
KAPELLENWEG
BUS
AM MÜHLENFELD
SUDERMANNSTRASSE
MARMSTORFER WEG
WINSENER STRASSE
HANHOOPSFELD
LANGENBEKSCHE WIESEN
AM FRANKENBERG
KRÖNENBERG

HARBURGER STADTPARK

Das im Jahr 1926 eröffnete Gelände des heute etwa neunzig Hektar großen Harburger Stadtparks ist von besonderer landschaftlicher Vielfalt. Es liegt auf einem Ausläufer der Harburger Berge und ist durch Hügel, Täler und eine abwechslungsreiche Wasserlandschaft geprägt. Zentrum des Harburger Stadtparks ist der wunderschöne Außenmühlenteich, der sich auf einem drei Kilometer langen Weg umrunden lässt. Der Ursprung dieses lang gezogenen Teichs geht auf den Harburger Herzog Otto II. zurück. Dieser ließ im Jahr 1565 das kleine Flüsschen Engelbek aufstauen und eine Wassermühle bauen. Da diese Wassermühle außerhalb des Stadtgebiets stand, erhielt das dazugehörige Gewässer den Namen »Außenmühlenteich«. Zu verdanken haben die Hamburger diese grüne Perle im Süden der Hansestadt dem preußischen Gartenbaudirektor Georg Hölscher und seinem Sohn Ferdinand. Diese legten den abwechslungsreichen Park in den 1920er Jahren am Westufer des Außenmühlenteichs an. Danach wurde er in mehreren Phasen immer weiter ausgebaut und ist heute nicht nur ein vielbesuchtes Naherholungsgebiet, sondern auch ein bedeutendes Gartendenkmal und nicht zuletzt ein wichtiger Lebensraum für viele Pflanzen und Tiere.

Der Harburger Stadtpark liegt im Süden Hamburgs im Stadtteil Wilstorf. S-Bahn (S3, S31) bis Harburg, von dort mit den Buslinien 145 oder 245 bis zur Haltestelle Rabenstein. Parkplätze am Außenmühlendamm.

ROTER HARTRIEGEL UND GEWÖHNLICHER BEIFUSS

Bewaldete Hügel, Erlenbrüche, naturnahe Feuchtwiesen, der Außenmühlenteich mit seinen kleineren Nebengewässern: Die unterschiedlichen Lebensräume des Harburger Stadtparks laden zu interessanten Naturbeobachtungen ein. Dafür steht ein gut ausgebautes Wegenetz mit einer Gesamtlänge von 16 Kilometern zur Verfügung. Die Pflanzenwelt ist mit 100 Gehölzarten und 170 Wildpflanzenarten vertreten. Hier wachsen nicht nur einheimische Bäume wie Eichen, Buchen, Erlen und Kiefern, sondern auch Exoten wie die Himalaya-Birke, der Trompetenbaum und die Sumpfzypresse. Auf der Orchideenwiese in der Marmstorfer Bucht blüht das seltene Breitblättrige Knabenkraut, und wer am Ufer der Außenmühle spaziert, kann sich über die vielen Teich- und Seerosen freuen. Lohnenswert ist auch ein Besuch des Schulgartens im Nordwesten des Harburger Stadtparks. Auf den von Buchshecken geometrisch geformten Beeten lassen sich je nach Jahreszeit die unterschiedlichsten Pflanzen bestaunen. Nicht weit vom Schulgarten entfernt befindet sich noch ein kleiner Nachtfaltergarten, der von der Gruppe Süd des NABU Hamburg in ehrenamtlicher Arbeit betreut wird. Dort verströmen Mondviolen, Nachtkerzen, Lichtnelken und andere Nektar und Pollen liefernde Pflanzen einen ganz besonderen Duft, mit dem sie nachtaktive Schmetterlinge wie den Mittleren Weinschwärmer oder den Mondvogel anlocken.

Heute haben wir einen freundlichen Spätsommertag erwischt. Gleich bei der Bushaltstelle Rabenstein geht es in den Harburger Stadtpark. Schon von Weitem ist der Außenmühlenteich zu sehen. Am Eingang zum Park wachsen Rhododendren, eine alte Schwarz-Erle und eine große Rot-Eiche. Letztere stammt aus dem Osten Nordamerikas und ist bei uns, auch wegen ihrer schönen Herbstfärbung, zu einer beliebten Parkpflanze geworden. Auf der großen Wiese links vom Weg lassen sich im Frühjahr die purpurroten Farbtupfer des Breitblättrigen Knabenkrauts bewundern. Diese Orchideenart ist

Roter Hartriegel
(Blätter und Blütenstände)

in Hamburg stark gefährdet. Sie kommt nur noch an wenigen Stellen vor. Statt der seltenen Orchidee sehen wir auf der Wiese verschiedene andere Pflanzen wie den Gilbweiderich, den Wiesen-Bärenklau und die Gewöhnliche Zaunwinde. Jetzt gehen wir nach rechts leicht bergan und kommen am versteckt zwischen Bäumen liegenden Freilichttheater vorbei. Am Wegesrand wachsen eine kleine Eberesche, die den Vögeln im Herbst leckere rote Beeren liefert, und eine Lorbeerkirsche. Dieser Strauch mit seinen grün-glänzenden Blättern besitzt schwarze Früchte. Sie sind in rohem Zustand zwar giftig, können aber nach dem Kochen zu Marmelade oder Gelee weiterverarbeitet werden. Jetzt erreichen wir einen ehemaligen Hockeyplatz. Unter den vielen am Rande wachsenden Pflanzen fällt uns ein **ROTER HARTRIEGEL** auf. Dieses einheimische Gewächs besticht durch sein attraktives Aussehen und ist deshalb in vielen Gärten und Parks ein beliebter Hingucker. Im Frühling ist der Rote Hartriegel voller weißer Blütendolden, die allerdings nicht sonderlich angenehm riechen. Doch dieser

Roter Hartriegel
(Früchte)

ROTER HARTRIEGEL (Cornus sanguinea) [BLÜTE] Die zwittrigen weißen Blüten bilden Trugdolden. [BLÜTEZEIT] Mai bis Juni. [BLATT] Elliptisch bis eiförmig mit zugespitztem Ende, ganzrandig. Drei bis fünfbogig verlaufende Nervenpaare. [VORKOMMEN] Parks und Gärten, lichte Laub- und Mischwälder. [WISSENSWERTES] Die roh ungenießbaren Früchte enthalten viel Vitamin C und lassen sich gekocht zu Saft und Marmelade verarbeiten. In manchen Jahren blüht der Rote Hartriegel Anfang August zum zweiten Mal. Dann sind am Strauch Blüten und fast reife Früchte gleichzeitig zu finden.

Großes Springkraut

fischartige Geruch lockt Insekten wie Wildbienen, Fliegen oder Käfer an, die sich am Nektar und Pollen bedienen und die Pflanze gleichzeitig bestäuben. Jetzt, wo der Herbst naht, sehen wir zahlreiche schwarzviolette Steinfrüchte im Gezweig. Auf ihrer glatten Oberfläche sind winzige weiße Punkte zu erkennen. Die Früchte sollten nicht roh verzehrt werden, da sie leicht giftig sind. Vögeln macht das aber nichts aus. Bei zahlreichen Arten wie Gimpel, Rotkehlchen und Singdrossel stehen sie auf dem Speisezettel. Da die Vögel die unverdaulichen Steine der Früchte wieder ausscheiden, sorgen sie für die Verbreitung der Pflanze. Den Namen verdankt der Rote Hartriegel seinem besonders harten Holz und seiner herrlich blutroten Herbstfärbung. Deshalb nennen manche die Pflanze auch »Blutroter Hartriegel«. Doch nicht nur die Blätter sind im Herbst so auffallend gefärbt, auch die Rinde der Zweige zeigt dann einen roten Farbton.

Jetzt geht's einer Reihe von Linden entlang. Autofahrer lieben diese Bäume nicht unbedingt. Wenn sie unter ihnen parken, sind die Karosserien und Scheiben ihrer Wagen nicht selten vom Blattlauskot, dem sogenannten Honigtau, verklebt. Er enthält reichlich Zucker und wird von Blattläusen ausgeschieden, nachdem sie sich zuvor an den Säften der Lindenblätter gütlich getan haben. Auf der grasigen Fläche des ehemaligen Hockeyplatzes sehen

GROSSES SPRINGKRAUT (Impatiens noli-tangere) [BLÜTE] Gelb mit kleinen roten Punkten, hängend, trichterförmig, mit hakig gekrümmtem Sporn. [BLÜTEZEIT] Juli bis August. [BLATT] Eiförmig, stumpf gesägt. [VORKOMMEN] Feuchte Waldränder, Auwälder, Bachufer. [WISSENSWERTES] Bei hoher Luftfeuchtigkeit ist der Blattrand des Großen Springkrauts oft mit Wassertröpfchen besetzt. Das ist allerdings kein Tau, sondern aktiv von der Pflanze ausgeschiedenes Wasser. Dieser Vorgang wird als »Guttation« bezeichnet.

wir Weidenröschen, Johanniskraut und das Kanadische Berufkraut. Diese Pflanze ist ein Neophyt und stammt ursprünglich aus den USA und Kanada. Bis auf die Tropen und die Polargebiete ist das Kanadische Berufkraut mittlerweile weltweit verbreitet. Es ist sehr anspruchslos und wächst auch auf Schuttplätzen und zwischen Gehwegritzen. Vor der Büste des ehemaligen Gartenbaudirektors Georg Hölscher gehen wir nach rechts und wieder bergab in Richtung des Außenmühlenteichs. Unten an den mit Bäumen und Sträuchern umstandenen kleinen Nebengewässern sieht es noch recht urwüchsig und verwunschen aus: Farne, Brombeergestrüpp, bemooste Baumstubben, abgebrochene Äste. Hier entdecken wir die gelben Blüten des **GROSSEN SPRINGKRAUTS**. Sie sehen wie kleine Trichter aus. Ein anderer Name dieser Pflanze ist »Rühr-mich-nicht-an«. Und tatsächlich: Als wir die Kapselfrüchte berühren, springen sie auf und schleudern ihre Samen fort, die bis zu drei Meter weit fliegen können. Die Früchte springen aber nicht nur bei Berührung auf. Wenn der Druck in ihrem Inneren zu groß wird, trennen sich die fünf Fruchtblätter der Kapseln auch ganz von alleine, rollen sich ruckartig ein und geben die Samen frei. Das Große Springkraut hat durch diesen Explosionsmechanismus eine effektive Ausbreitungsmethode entwickelt. Genau so macht es auch das nahverwandte Kleine Springkraut. Das ist allerdings nicht einheimisch wie das Große Springkraut, sondern stammt aus Ostasien und Sibirien. Auch das häufig vorkommende Indische Springkraut gehört zu den Neophyten. Seine ursprüngliche Heimat ist der Himalaya.

Nach einigen Schritten gelangen wir in einen weiteren naturnahen Bereich des Harburger Stadtparks, die Langenbekschen Wiesen. Hier gibt es Feuchtwiesen, Weidengebüsch und Erlenbruch. Die Langenbekschen Wiesen werden vom kleinen Flüsschen Engelbek durchflossen. Früher war es begradigt und bot nur wenig Lebensraum für Pflanzen und Tiere. Mittlerweile ist die Engelbek weitgehend in den ursprünglichen Zustand zurückversetzt worden. An ihrem natürlichen Verlauf sind heute wieder Pflanzen wie das Bittere Schaumkraut, der Wiesen-Kerbel und der Echte Baldrian zu Hause. Die Langenbekschen Wiesen sind auch ein Vogelschutzgebiet. Wir beobachten eine Sumpfmeise beim Hüpfen von Zweig zu Zweig und hören die schönen Gesänge von Buchfink, Zaunkönig und Rotkehlchen. Rechts vom Weg sehen wir im feuchten Gras zahlreiche gelbe Blüten. Es ist der **SCHARFE HAHNENFUSS**. Er ist das häufigste Hahnenfußgewächs. Sein Name leitet sich zum einen von seinem scharfen Geschmack ab, zum anderen vom vogelfußartigen Aussehen seiner Blätter. Das Vieh auf der Weide meidet den Scharfen Hahnenfuß. Auch der Mensch sollte lieber darauf verzichten, von der Pflanze zu kosten. Sie ist nämlich in allen Teilen giftig. Wer doch von der Pflanze probiert, muss mit Brennen im Mund und Rachen, Reizungen der Magen- und Darmschleimhäute sowie Krämpfen und Durchfällen rechnen. Noch giftiger als der Scharfe Hahnenfuß ist der Gift-Hahnenfuß. Bettler rieben sich in früheren Zeiten die Haut mit dem Saft dieser Pflanze ein. Mit den sich daraufhin bildenden starken Entzündungen wollten sie Mitleid erregen und so die Zahl der milden Gaben steigern. Ein Taubenschwänzchen fällt uns auf. Im Schwirrflug steht dieser kleine Schmetterling wie ein Kolibri vor einer der purpurroten Blüten eines Blutweiderichs und saugt Nektar.

Scharfer Hahnenfuß

SCHARFER HAHNENFUSS (Ranunculus acris) [**BLÜTE**] Goldgelb-glänzend, zwittrig. [**BLÜTEZEIT**] Mai bis September. [**BLATT**] Die unteren Blätter sind lang gestielt und fünf- bis siebenspaltig. Die oberen Blätter sind einfacher und kürzer gestielt. [**VORKOMMEN**] Feuchte Wiesen und Weiden. [**WISSENSWERTES**] Der Scharfe Hahnenfuß wird im Volksmund auch »Butterblume« genannt. Besonders Kinder sollte man auf die Giftigkeit dieser Pflanze aufmerksam machen. Man sollte sich auch nicht auf Wiesen mit Scharfem Hahnenfuß legen. Er ist einer der Auslöser der »Wiesendermatitis«, die sich in lokaler Rötung, Schwellung und Blasenbildung der Haut äußert.

Kanadische Goldrute

Dann geht's schon weiter zur nächsten Blüte. Seine Flügel bewegen sich so schnell auf und ab, dass wir sie kaum erkennen können. Das Taubenschwänzchen kommt sogar auf den Balkon, wo es im Blumenkasten Geranien und andere Blüten besucht. In den Langenbekschen Wiesen wurden auch schon Füchse, Hasen und Rehe beobachtet. Heute haben wir aber nicht das Glück, sie zu sehen. Wir gehen wieder ein Stückchen und erreichen den südlichen Teil des Außenmühlenteichs. Auf der gegenüberliegenden Seite steht ein Graureiher und wartet auf einen Fisch. Vor ihm blühen zahlreiche Seerosen in herrlichem Weiß. Ihre Blüten sind aber nur am Tage geöffnet. Wenn sie nachts geschlossen sind, kommt es nicht selten vor, dass bestäubende Insekten wie Käfer oder Fliegen in ihnen übernachten. Das Ufer auf unserer Seite ist dicht mit Schilf bewachsen. Neben einheimischen Bäumen wie Schwarz-Erle und Gemeine Esche entdecken wir auch einen Exoten. Der Trompetenbaum kommt aus Nordamerika und ist bei uns zu einem beliebten Parkbaum geworden. Und wir sehen gleich noch einen Neophyten: die **KANADISCHE GOLDRUTE**. Auch dieser Korbblütler stammt aus Nordame-

KANADISCHE GOLDRUTE (Solidago canadensis) [**BLÜTE**] Gelbe Blütenkörbchen mit Röhren- und Zungenblüten auf den Oberseiten der bogig gekrümmten Rispen. [**BLÜTEZEIT**] August bis Oktober. [**BLATT**] Lanzettlich. [**VORKOMMEN**] Ufer, Auwälder, lichte Wälder, Parks, Trockenrasen, Schutt- und Ödflächen, Straßenränder, Bahnanlagen. [**WISSENSWERTES**] Die starke Ausbreitung der anspruchslosen Kanadischen Goldrute geschieht durch unterirdische Ausläufer und vor allem durch Samen. Ein Stängel dieser invasiven Pflanze produziert bis zu 15 000 davon! Im Gegensatz zur Kanadischen Goldrute ist die verwandte Gewöhnliche Goldrute eine einheimische Pflanze. Sie wächst an eher trockenen, nährstoffarmen Standorten wie Heiden und Magerrasen und zeigt auch keine nennenswerte Ausbreitungstendenz.

Gewöhnlicher Hopfen

rika. Er wurde ursprünglich als Zierpflanze bei uns eingeführt. Seit Mitte des 19. Jahrhunderts ist sie aus der Kultur ausgebrochen und verwildert. Da die Kanadische Goldrute sehr anspruchslos ist und sich auf den unterschiedlichsten Böden entwickelt, breitet sie sich immer weiter aus. Sie wächst in Auwäldern und an Gewässerufern genauso wie an Eisenbahnböschungen oder Autobahnen. Oft verdrängt dieser Neophyt durch seine starke Vermehrung einheimische Pflanzen und wird deshalb mit verschiedenen Methoden bekämpft. Am ehesten dämmt man die Kanadische Goldrute ein, indem man sie mindestens zweimal im Jahr abmäht. Diese nicht immer gern gesehene Pflanze hat aber auch positive Eigenschaften. So findet sie Verwendung als Heilkraut bei Blasenschwäche, Gicht und Rheuma. Auch liefert die Kanadische Goldrute Nektar und Pollen, und tatsächlich sehen wir auf ihren schön anzusehenden goldgelben Blütenrispen viele Bienen. Auf einer sitzt sogar ein nicht so häufig vorkommender Pinselkäfer, den wir uns noch eine Weile anschauen, bevor es weitergeht.

GEWÖHNLICHER HOPFEN (Humulus Lupulus) [**BLÜTE**] Männliche und weibliche Blütenstände auf verschiedenen Pflanzen. [**BLÜTEZEIT**] Juli bis August. [**BLATT**] Drei- bis fünflappig oder eiförmig. Blattrand grob gesägt. [**VORKOMMEN**] Auwälder, Gebüsche, Hecken, Parks und Gärten. [**WISSENSWERTES**] Ein wiederentdecktes Gemüse ist der Hopfenspargel. Das sind die feinen weißen Wurzeltriebe der Hopfenpflanze. Sie werden in einem zwei- bis dreiwöchigen Zeitraum in den Monaten März und April in Handarbeit aus der Erde gegraben. Um ein Kilogramm Hopfenspargel zu erhalten, werden je nach Witterung und Bodenbeschaffenheit eine bis zwei Stunden benötigt. Die sehr kurze Saison und die zeitaufwendige Ernte machen ihn zu einer der teuersten Gemüsesorten.

Unser Blick fällt auf eine Bojenkette, die der NABU hier über den Außenmühlenteich gelegt hat. Sie soll die großen See- und Teichrosenbestände und die Wasservögel vor unvorsichtigen Tretbootfahrern schützen. Und da schwimmt ja auch schon ein Haubentaucher. Er hat einen kleinen Fisch im Schnabel. Im Uferbewuchs fallen uns zwischen den Schilfhalmen die weißen, trichterförmigen Blüten der Gewöhnlichen Zaunwinde auf. Sie windet sich um die Halme, indem ihre Triebspitzen gegen den Uhrzeigersinn kreisen. Für eine Umdrehung braucht die Gewöhnliche Zaunwinde etwa zwei Stunden. Diese hier häufig vorkommende Pflanze hält ihre Blüten auch nachts geöffnet. Das freut verschiedene Nachtschmetterlinge wie den Windenschwärmer. Mit seinem langen Rüssel erreicht er problemlos den tief im Inneren der Blüte verborgenen Nektar. Jetzt entdecken wir noch eine weitere windende Kletterpflanze. Es ist der **GEWÖHNLICHE HOPFEN**, der besonders schnell wächst. Seine Triebe legen pro Tag etwa zehn Zentimeter an Länge zu. Wir sehen viele hellgrüne Blütenstände dieser Pflanze. Sie ähneln Zapfen und sind weiblich. Ihre Inhaltsstoffe wie Bittersäuren, ätherische Öle und Harze spielen im Brauereiwesen eine wichtige Rolle, verleihen sie doch dem Bier seine besondere Würze. Beim Anbau von Hopfen, der bereits seit dem 8. Jahrhundert bei uns stattfindet, wird peinlich darauf geachtet, dass nur weibliche Pflanzen zum Einsatz kommen. Männliche würden den charakteristischen Biergeschmack verderben. Der Gewöhnliche Hopfen gilt schon seit Langem als wichtige Heilpflanze. Er ist mit dem Hanf verwandt und wirkt beruhigend und antibakteriell. Außerdem regt er die Magensaftsekretion an und hilft so bei Appetitlosigkeit und Verdauungsbeschwerden. Auch in der Küche findet der Gewöhnliche Hopfen Verwendung. Seine Triebspitzen haben einen feinen, harzigen Geschmack und bereichern Gemüsegerichte und Salate.

Wir passieren nun das Freizeitbad MidSommerland und erreichen den nördlichen Teil der Außenmühle. Am Bootsanleger sitzen mehrere Lach- und Silbermöwen, und auf dem Wasser schwimmen zwei Höckerschwäne und drei Kanadagänse. Am Ufer blüht Rainfarn. Ein Aufguss aus den Blättern dieser leicht giftigen Staude soll gegen Blattläuse helfen. Außerdem sollen die Blätter, getrocknet in den Kleiderschrank gelegt, Motten den Garaus machen. Ein paar Schritte weiter und wir stehen vor einer recht unscheinbar aussehenden Pflanze. Sie ist etwa einen Meter hoch und hat einen reich verzweigten Stängel. Zerreiben wir ihre Blätter zwischen den Fingern, entströmt ihnen ein leicht aromatischer Duft. Der rührt von den ätherischen Ölen dieser Pflanze mit dem Namen **GEWÖHNLICHER BEIFUSS** her. Bekannt ist das zu den Korbblütlern gehörende Gewächs als Gewürz für den fetten Gänsebraten. Die in ihm enthaltenen Bitterstoffe unterstützen die Verdauung, denn sie regen die Bildung von Magenflüssigkeit und Gallensäure an. Beifuß wird durch den Wind bestäubt. Seine winzigen Pollen zählen zu den wichtigsten Auslösern von Heuschnupfen.

Jetzt wollen wir zum Schluss unserer Rundwanderung noch einmal zum Nachtfaltergarten. Dazu geht es erst einmal ein Stückchen bergauf, vorbei an einem kleinen Weiher und am architektonisch gestalteten Schulgarten. Vor dem Nachtfaltergarten blüht ein prächtiger Sommerflieder,

Gewöhnlicher Beifuß

GEWÖHNLICHER BEIFUSS (Artemisia vulgaris) [BLÜTE] Rispe. Gelbliche oder bräunliche Röhrenblüten in vielen kleinen Blütenkörbchen. [BLÜTEZEIT] Juli bis November. [BLATT] Fiederspaltig mit gesägten Abschnitten. Oben grün, unten weißfilzig. [VORKOMMEN] Wege, Schutt- und Ödflächen, Ufer, Auwälder. [WISSENSWERTES] Der Gewöhnliche Beifuß ist eine alte Heilpflanze. In der Volksmedizin empfiehlt man ihn zur Behandlung von Magenbeschwerden. Früher spielte er auch eine wichtige Rolle in der Frauenheilkunde. In Südeuropa und Nordafrika wird Beifuß angebaut, um Öl zur Herstellung von Parfüm zu gewinnen.

auch Schmetterlingsflieder genannt. Für Nachtfalter ist er allerdings nicht so interessant. Tagfalter aber wie der Admiral oder das Tagpfauenauge wissen seinen reichlich angebotenen Nektar sehr zu schätzen. Im Nachtfaltergarten blüht gerade eine Kleinblütige Nachtkerze. Ihr Duft lockt Nachtfalter wie den Mittleren Weinschwärmer magisch an.

HINWEISE

➳ Der NABU, www.hamburg.nabu.de, Telefon (040) 697 0890 bietet Wanderungen zum Kennenlernen von Vögeln und Fledermäusen an der Außenmühle an. Dabei ergeben sich auch immer wieder interessante Pflanzenbeobachtungen. ➳ Die Gruppe Süd des NABU Hamburg hat einen Nachtfalter-Garten angelegt und sucht im Rahmen von StadtNatur-Aktionstagen freiwillige Helfer, die bei der Gartengestaltung mitwirken wollen. Telefon (040) 697 089 37

EIGENE BEOBACHTUNGEN

VERBESSERN DIE STADTLUFT – HAMBURGS STRASSENBÄUME

Ob die alte Eiche an der Stadionstraße, die prächtige Kastanie am Mittelweg oder die Reihe jüngerer Linden am Ballindamm: Neben den vielen Parks und Naturschutzgebieten haben auch Hamburgs Straßenbäume ihren Anteil am grünen Image der Elbmetropole. Und es gibt nicht wenige von ihnen. Rund 250 000 Exemplare wachsen an den Rändern der, oft viel befahrenen, Straßen. Fast die Hälfte davon sind Eichen und Linden. Bei den Eichen handelt es sich in den meisten Fällen um Stieleichen, bei den Linden um Holländische Linden. Das sind Kreuzungen zwischen Sommer- und Winterlinden. Außer den Eichen und Linden wachsen aber auch noch viele andere Arten an Hamburgs Straßen. Häufig begegnet man dem Spitzahorn, dem Berg-Ahorn und der Hainbuche. Die Hänge-Birke und die Gewöhnliche Rosskastanie sind da schon seltener.

Hamburgs Straßenbäume machen das Stadtbild nicht nur freundlicher, sie sorgen auch für bessere Luft. Das geschieht auf verschiedene Weise. So produzieren die Bäume durch ihre Photosynthese lebenswichtigen Sauerstoff. Gleichzeitig verbrauchen sie dabei Kohlendioxid, das ja mitverantwortlich für die Klimaerwärmung ist. Gerade im Sommer, wenn der Treibhauseffekt für immer häufigere und längere Hitze- und Trockenperioden sorgt, sind die vielen Bäume an den Straßen als natürliche Klimaanlagen unverzichtbar. Sie kühlen und befeuchten die aufgeheizte Luft, indem sie über ihr Blattwerk Wasser verdunsten. Außerdem spenden die Bäume wohltuenden Schatten und verhindern dadurch, dass sich Straßen, Gehwege und Häuser zu stark aufheizen. Gerade an viel befahrenen Straßen sind Bäume auch deshalb so wichtig, weil sie Schadstoffe aus der

Sommerlinde

Luft filtern und außerdem den Verkehrslärm mindern. Bäume, die an Hamburgs Straßen wachsen, sind erheblichen Belastungen ausgesetzt. Giftige Autoabgase und winterliches Streusalz machen ihnen zu schaffen. Auch können sie ihre Wurzeln oft nicht voll entfalten. Außerdem bekommen diese zu wenig Regenwasser ab, da die Böden zum großen Teil mit Asphalt und Beton versiegelt sind. Die Versiegelung hat zudem zur Folge, dass sich die Straßen und Fußwege an heißen Sommertagen besonders stark aufheizen, was den Bäumen natürlich überhaupt nicht guttut. Eine weitere Belastung für die Bäume an Straßen sind Verletzungen durch Baumaßnahmen oder ungeschickt einparkende Autofahrer. All diese Stressfaktoren reduzieren die Vitalität der Straßenbäume und sind dafür verantwortlich, dass sie meist nicht so alt werden wie die Bäume in den Parks oder Naturschutzgebieten.

Spitzahorn

Die extremen Standortbedingungen lassen die Bäume am Straßenrand auch besonders anfällig für Schädlingsbefall werden. Da sie auf öffentlichem Grund stehen, werden sie deshalb zum Schutz der Fußgänger und Autofahrer regelmäßig kontrolliert. Ist ein Straßenbaum beispielsweise von holzschädigenden Pilzen zerfressen und nicht mehr standsicher, muss er gefällt werden. Leider hinterlässt der gefällte Baum dann eine große Lücke, die nicht immer durch einen neuen Baum geschlossen wird. Kommt es doch zur Pflanzung eines Ersatzbaums, braucht dieser noch Jahrzehnte, bis er wie sein Vorgänger helfen kann, die Luft an den Straßen zu verbessern.

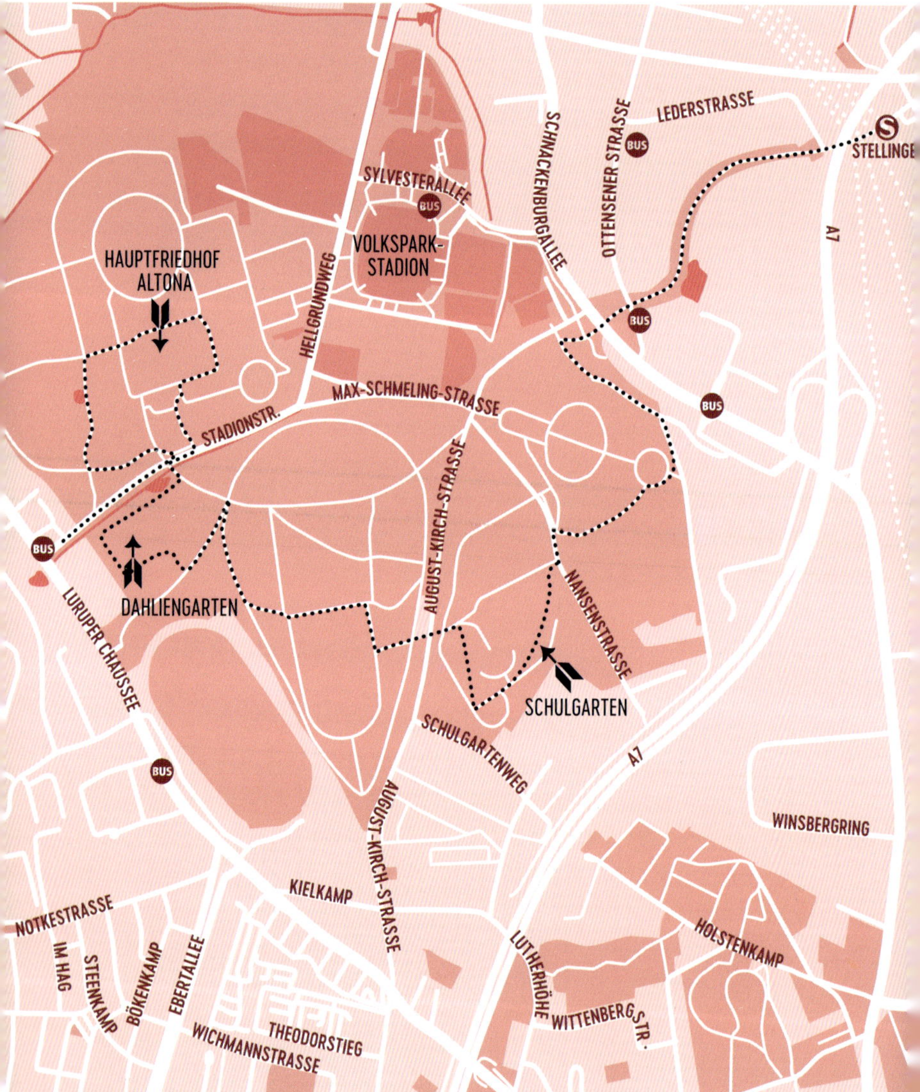

LEDERSTRASSE
STELLINGE
SCHNACKENBURGALLEE
OTTENSENER STRASSE
SYLVESTERALLEE
VOLKSPARK-STADION
HAUPTFRIEDHOF ALTONA
HELLGRUNDWEG
A7
MAX-SCHMELING-STRASSE
STADIONSTR.
AUGUST-KIRCH-STRASSE
DAHLIENGARTEN
NANSENSTRASSE
SCHULGARTEN
LURUPER CHAUSSEE
SCHULGARTENWEG
WINSBERGRING
KIELKAMP
NOTKESTRASSE
IM HAG
STEENKAMP
BÖKENKAMP
EBERTALLEE
LUTHERHÖHE
HOLSTENKAMP
WITTENBERGSTR.
THEODORSTIEG
WICHMANNSTRASSE
BUS

ALTONAER VOLKSPARK

Ob ein zünftiges Picknick auf der großen Spielwiese, ein geruhsamer Spaziergang auf verschlungenen Waldwegen oder ein gemütliches Stelldichein in lauschiger Gartenecke – der Altonaer Volkspark, mit rund 205 Hektar Hamburgs größte öffentliche Grünfläche, bietet allen etwas. Jogger finden reichlich Auslauf, Fußballfreunde haben ihren Spaß beim Kicken, und die Kleinen tummeln sich auf einem der Spielplätze. Der damalige Altonaer Gartenbaudirektor Ferdinand Tutenberg ließ die abwechslungsreiche Parkanlage in Bahrenfeld zwischen den Jahren 1914 und 1933 anlegen. Es ging ihm um frische Luft und Erholung für die damals stark anwachsende Bevölkerung. Nach den Plänen Tutenbergs sollten nicht in erster Linie geometrische Elemente den Park bestimmen, sondern die vorgegebenen Landschaftsformen. So sind bewaldete Hügel und Schluchten, aber auch Lichtungen ein wesentlicher Bestandteil des Altonaer Volksparks.

GEMEINE STECHPALME UND WALD-KIEFER

Der Altonaer Volkspark und der nördlich davon gelegene Hauptfriedhof Altona sind nicht nur für erholungsuchende Menschen von Bedeutung,

Der Altonaer Volkspark liegt im Westen Hamburgs und ist gut mit öffentlichen Verkehrsmitteln zu erreichen: S-Bahn (S3, S21) bis Stellingen. Buslinien 2 und 3 bis August-Kirch-Straße. Buslinie 2 bis Luruper Chaussee (DESY) oder Stadionstraße. Buslinie 22 bis Farnhornweg, Langbargheide (Süd) oder Hellgrundweg (Arenen). Buslinie 180 bis Am Volkspark. Autofahrer finden viele Parkmöglichkeiten.

Gemeine Stechpalme

hier finden auch die verschiedensten Pflanzenarten einen Lebensraum. Einige davon wollen wir während unserer Wanderung etwas näher kennenlernen. Zuerst besuchen wir den Hauptfriedhof Altona. Größere Teile davon sind parkähnlich gestaltet. Hier lässt es sich entspannt unter alten Bäumen spazieren, und zu jeder Jahreszeit ist Interessantes zu entdecken. Besonders lohnenswert ist ein Friedhofsbesuch im Frühling. Dann erwartet uns gleich am Haupteingang eine Allee mit rosa blühenden Japanischen Zierkirschen. Aber auch im Herbst ist einiges zu sehen. Dann spielt das Laub mit verschiedenen Farben, die Sträucher tragen bunte Früchte, und am Wegesrand können wir den einen oder anderen Pilz finden. Nach unserem kleinen Rundgang über den Friedhof geht es weiter in den Dahliengarten. Er besteht seit dem Jahr 1932 und ist einer der ältesten seiner Art in Deutschland. Hier zeigen sich Dahlien in ihrer ganzen Farben- und Formenvielfalt, etwa eine rote Kaktus-Dahlie, eine gelbblühende Pompon-Dahlie oder eine rosafarbene Hirschgeweih-Dahlie. Beim anschließenden Gang durch den abwechslungsreich gestalteten Schulgarten sehen wir neben Astern und anderen

GEMEINE STECHPALME (Ilex aquifolium) [BLÜTE] Weiß und klein, männliche und weibliche Blüten an verschiedenen Pflanzen. [BLÜTEZEIT] Mai bis Juni. [BLATT] Ledrig, immergrün, am Rand meist stachelig gezähnt und wellig. [VORKOMMEN] Laub-, Misch- und Nadelwälder, als Zierstrauch in Parks, Friedhöfen und Gärten. [WISSENSWERTES] Blätter und Früchte der Stechpalme sind giftig. Manchen Tieren macht das nichts aus. So stehen die korallenroten Steinfrüchte bei Amseln, Mönchsgrasmücken und anderen Vogelarten auf dem Speisezettel. Für kleinere Vögel ist die immergrüne Stechpalme im Winter ein beliebter Schlafplatz. Gut von den stacheligen Blättern geschützt, verbringt hier auch der Zitronenfalter gern die kalte Jahreszeit.

einheimischen Pflanzen auch Gewächse aus anderen Regionen wie eine südamerikanische Araukarie oder einen im Mittelmeerraum beheimateten Perückenstrauch. Am Schluss unseres Besuchs im Altonaer Volkspark gehen wir noch einige Zeit durch die urige Parklandschaft mit ihren bewaldeten Hügeln und Schluchten und gelangen schließlich auf einen von Büschen und Bäumen gesäumten gepflasterten Weg zum S-Bahnhof Stellingen.

An diesem sonnigen Herbstnachmittag fahren wir mit der Buslinie 2 bis zur Haltestelle Stadionstraße und spazieren unter den ausladenden Kronen alter Eichen zum Haupteingang des Hauptfriedhofs Altona. Ein kleiner Garten für Wildbienen fällt uns auf. Nektar- und pollenliefernde Pflanzen sind schon verblüht. Doch auch in der kühleren Jahreszeit ist dieser Garten für manche Wildbienen interessant. Sie überwintern nämlich in den Stängeln abgestorbener Stauden und anderer Gewächse. Wir gehen nun ein Stückchen auf der Allee mit den Japanischen Zierkirschen, die jetzt natürlich ebenfalls nicht mehr blühen, und halten uns dann rechts. Wenn auch auf dem Friedhof zur Zeit nur wenig blüht, auf Farben müssen wir trotzdem nicht verzichten. Hier zeigt sich ein Spitzahorn in leuchtendem Orange, dort eine Hänge-Birke in hellem Gelb. Die schöne Herbstfärbung verdanken die Bäume verschiedenen Blattfarbstoffen. Sie kommen zur Geltung, weil der alles überdeckende grüne Farbstoff, das für die Photosynthese wichtige Chlorophyll, im Herbst aus den Blättern herausgezogen und für den nächsten Blattaustrieb im Frühjahr im Stamm gespeichert wird. Der Herbst ist natürlich auch die Zeit der Wildfrüchte. Darüber freuen sich besonders die Vögel. Die weißen Schneebeeren mögen sie allerdings nicht so gern. Wohl aber die roten Vogelbeeren, wie uns eine Amsel gerade zeigt. Auch die ebenfalls roten Steinfrüchte der **GEMEINEN STECHPALME** sind bei den Gefiederten sehr beliebt. Wir sollten allerdings nicht von ihnen naschen, da sie für uns giftig sind. Ein Verzehr kann zu Übelkeit, Erbrechen und Durchfall führen. Die stacheligen Blätter dieses immergrünen Strauches piksen zwar, doch Rehe und anderes Wild fressen sie trotzdem, und das besonders im Winter, wenn die Nahrung knapp wird. Die Gemeine Stechpalme ist natürlich keine richtige Palme. Sie wird aber am Palmsonntag in manchen Gegenden aus Ermangelung eines echten Palmwedels als Ersatz genommen. Daher kommt der zweite Teil ihres Namens. In England und Amerika haben die Zweige der Gemeinen Stechpalme eine lange Tradition als Dekoration für das Weihnachtsfest. Ihr Holz ist hart und gut zu polieren. Es eignet sich hervorragend für Drechselarbeiten und wurde früher zu Intarsien von Möbelstücken verarbeitet. Auch Spazierstöcke stellte man aus Stechpalmenholz her. Ein berühmtes Beispiel ist der Spazierstock des Dichters Johann Wolfgang von Goethe. Er ist noch heute im Goethehaus in Weimar zu besichtigen. Übrigens: Auch Harry Potter hat der Stechpalme etwas zu verdanken. Sie lieferte das Material für seinen Zauberstab.

Weiter geht's in Richtung des nördlichen Friedhofsteils. Wir freuen uns über eine große Robinie. An ihren dornigen Zweigen hängen lange und abgeflachte Hülsenfrüchte, die manchmal bis zum nächsten Frühjahr am Baum bleiben. Ein Eichhörnchen sitzt auf dem Weg und knabbert an einer Haselnuss. Als es uns entdeckt, flitzt es geschwind den dicken Stamm einer Buche hinauf und verschwindet im Blattwerk. Da! Pilze! Es sind Schopf-Tintlinge. Diese Speisepilze sind allerdings nicht lange haltbar. Schon nach kurzer Zeit zerfließen sie zu einer tintenartigen Flüssigkeit und sind dann nicht mehr zu genießen. Bei einem Findling, hinter dem eine fünfstämmige Eiche wächst, gehen wir im Bogen nach links und erreichen nach ein paar Minuten einen kleinen, naturnahen Teich mit Wasserlinsen, Schwimmblättern von Seerosen und einigen Fruchtständen des Breitblättrigen Rohrkolbens. Ganz in der Nähe des Teichs sehen wir mehrere jüngere **GEWÖHNLICHE ROSSKASTANIEN**. Beim Blick nach oben fallen uns die vielen bräunlichen Flecken auf den Kastanienblättern auf. Das sind die Fraßgänge der Larven der Rosskastanienminiermotte, eines Kleinschmetterlings. Er ist ein weitverbreiteter Pflanzenschädling, der in Hamburg be-

reits unzählige Kastanien befallen hat. Die Rosskastanienminiermotte hat wenige natürliche Feinde und ist auch nur schwer zu bekämpfen. Die einzige hilfreiche Maßnahme gegen den Befall besteht im Einsammeln und Vernichten der betroffenen Blätter. Am Boden unter den Rosskastanien liegen neben abgefallenen Blättern auch einige der stacheligen Kapselfrüchte. Manche sind beim Aufprall aufgeplatzt und haben die großen braun-glänzenden Samen, die Kastanien, freigegeben. Kinder mögen sie sehr. Sie basteln aus ihnen gern lustige Figuren.
Jetzt verlassen wir den Hauptfriedhof Altona, überqueren die Stadionstraße und gehen in Richtung Dahliengarten. Aus einer Trauerbuche sind das helle »Zizibe-Zizibe« einer Kohlmeise und der wehmütige Gesang eines Rotkehlchens zu hören. Noch blüht es im Dahliengarten in vielen Farben. Doch beim ersten Bodenfrost müssen die Knollen der empfindlichen Pflanzen ausgegraben und bei fünf bis sieben Grad Celsius bis zur nächsten Saison im Dunkeln gelagert werden. Wir genießen noch ausgiebig das Blütenmeer. Die einzelnen Sorten haben jeweils eigene Beete. Es gibt sogar ein Beet, das mit Dahlien bepflanzt wurde, die nach bekannten Persönlichkeiten wie beispielsweise

Gewöhnliche Rosskastanie

GEWÖHNLICHE ROSSKASTANIE (Aesculus hippocastanum) [BLÜTE] Weiße Blüten in aufrecht stehenden Rispen, auch »Kerzen« genannt. [BLÜTEZEIT] April bis Mai. [BLATT] Fiederblatt mit fünf bis sieben handförmig angeordneten Fiedern. Ränder doppelt gesägt. [VORKOMMEN] Parks, Friedhöfe, große Gärten, als Straßenbaum. [WISSENSWERTES] Die vielen Blüten der Gewöhnlichen Rosskastanie locken mit ihrem reichlich vorhandenen Nektar und Pollen Bienen, Hummeln und andere Insekten zum Bestäuben an. Solange die Blüten noch nicht bestäubt wurden, haben sie einen gelben Fleck. Nach erfolgter Bestäubung wird der Fleck rot. Damit signalisiert die Blüte: Hier gibt es keinen Nektar und Pollen mehr.

Gewöhnliches Pfaffenhütchen

Loki Schmidt, Uwe Seeler und Heidi Kabel benannt sind. Noch berauscht von der Dahlienpracht spazieren wir nun, immer den Hinweisschildern nach, zum Schulgarten. An Buchen, Eichen, Ahornen und Fichten entlang gelangen wir zuerst an eine große Spielwiese. Sie ist von alten Linden umstanden. Diese Bäume sind ein Paradies für Blattläuse. Das weiß jeder, der sein Auto unter Linden geparkt hat und sich über die klebrigen Ausscheidungen dieser Insekten ärgert.

Es geht weiter. Nach einigen Minuten erreichen wir den Schulgarten. Gleich beim Betreten fallen uns die herbstlich rot verfärbten Blätter und die leuchtenden Früchte eines **GEWÖHNLICHEN PFAFFENHÜTCHENS** ins Auge. Seine vier rosafarbenen Klappen sind aufgesprungen und geben den Blick auf die orangerot ummantelten Samen frei. Den Namen verdankt dieser nicht seltene Strauch der Form seiner Kapselfrüchte. Sie erinnert an ein Birett. So bezeichnet man die rote, vierkantige Kopfbedeckung katholischer Geistlicher. Das Gewöhnliche Pfaffenhütchen ist in allen seinen Teilen giftig, besonders die Samen. Bei einigen Vögeln steht die Pflanze dennoch hoch im Kurs. Entweder sie schälen den genießbaren Mantel von den Samen und lassen diese dann fallen oder sie verschlucken ihn mit den Samen

GEWÖHNLICHES PFAFFENHÜTCHEN (Euonymus europaeus) [BLÜTE] Zwittrig, kleine weißliche bis blassgrüne Blüten an Trugdolden. [BLÜTEZEIT] Mai bis Juni. [BLATT] Eiförmig bis elliptisch, Rand kerbig gesägt. [VORKOMMEN] Lichte Laubwälder, Auwälder, Waldränder, Hecken, Parks, Friedhöfe. [WISSENSWERTES] Das gelbe Holz des Gewöhnlichen Pfaffenhütchens ist sehr zäh und wurde früher unter anderem zur Herstellung von Orgelpfeifen, Stricknadeln und Schuhnägeln genutzt. Drechsler stellten aus dem Holz auch Garnspindeln her. Daher kommt der Name »Spindelstrauch« für diese Pflanze.

zusammen. Den giftigen Kern scheiden sie später unverdaut wieder aus und sorgen so für die Verbreitung. Das Rotkehlchen und andere Gefiederte lieben die Früchte des Gewöhnlichen Pfaffenhütchens so sehr, dass man sie auch »Rotkehlchenbrot« nennt. Mit ihren knallbunten Farben sehen sie aber auch wirklich verlockend aus. Besonders Kinder sind gefährdet, von ihnen zu naschen. Die Folge können schwere Vergiftungen sein.

Wir schauen uns noch ein wenig um im geometrisch angelegten Schulgarten. Früher lieferte er Altonaer Schulen Anschauungsmaterial für den Biologie- und Zeichenunterricht. Heute erfreut er die Besucher mit Zierstrauchrabatten, interessanten Bäumen und anderen Pflanzen. Jetzt im Herbst blühen viele Astern, und an den Heckenrosenbüschen hängen Hagebutten. Manch einer kennt sie vielleicht noch aus seiner Kindheit als »Juckpulver«. An verschiedenen Stellen sind die helmartigen Blüten des giftigen Blauen Eisenhuts zu sehen. Schließlich kommen wir in den südlichen Teil des Schulgartens. Dort sind sieben Musterkleingärten zu besichtigen. Beim Blick in einen von ihnen freuen wir uns über die großen Blüten der Sonnenblume und über die schöne Farbkombination des Gelben- mit dem **PURPUR-SONNENHUT**. Diese zu den

Purpur-Sonnenhut

PURPUR-SONNENHUT (Echinacea purpurea) [BLÜTE] Margeritenähnlicher Blütenstand aus purpurfarbenen Zungenblüten am Rand und braunroten Röhrenblüten in der Mitte. [BLÜTEZEIT] Juli bis Oktober. [BLATT] Eiförmig bis schmal lanzettlich. Rand gesägt bis gezähnt. [VORKOMMEN] Als Zierpflanze in Gärten und Parks. [WISSENSWERTES] Mittlerweile gibt es den Purpur-Sonnenhut auch in Weiß, Gelb und anderen Farben. Er lässt sich im Beet gut mit anderen Pflanzen wie etwa Astern, Goldruten und Ziergräsern kombinieren. Der Spätblüher lockt mit seinem Nektar Hummeln, Bienen, Schmetterlinge und andere Insekten an.

Korbblütlern gehörenden Stauden stammen ursprünglich aus Nordamerika. Bei uns sind sie mittlerweile zu beliebten Zierpflanzen in Gärten und Parks geworden. Obwohl sich Gelber Sonnenhut und Purpur-Sonnenhut sehr ähneln, sind sie nicht enger miteinander verwandt. Sie werden zwei verschiedenen botanischen Gattungen zugeordnet. Typisch beim Purpur-Sonnenhut ist seine hochgewölbte, stachlig aussehende, braunrote Blütenmitte. Sie sieht wie ein kleiner Igel aus, was dieser Pflanze auch die Bezeichnung »Igelkopf« eingetragen hat. Schon die Indianer Nordamerikas schätzten den Purpur-Sonnenhut als Heilpflanze. Sie kurierten damit Husten und Halsschmerzen. Auch in der alternativen Medizin spielt diese Staude eine Rolle. Ihr Presssaft soll die körpereigenen Abwehrkräfte stärken und so helfen, Erkältungskrankheiten vorzubeugen. Gerade wollen wir weitergehen, da setzt sich noch ein bunter Schmetterling, ein Tagpfauenauge, auf die Blüte. Wir schauen dem schönen Falter noch ein wenig beim Nektarsaugen zu und verlassen dann den Schulgarten.

Weiter geht's in Richtung Birkenhöhe. Aus der Krone einer mächtigen Amerikanischen Eiche meldet sich ein Eichelhäher, und auf der Unterseite des Blatts einer Stieleiche fällt uns ein kugeliges, rötlich gefärbtes Gebilde auf. Es ist ein Gallapfel, in dem sich die Larve einer Gemeinen Eichengallwespe befindet. Sie ist hier gut geschützt und hat reichlich zu fressen. Wahrscheinlich hat sich die Larve bereits verpuppt, um dann später die Eichengalle als fertig ausgebildetes Insekt zu verlassen. Beim Erklimmen der Stufen zur Birkenhöhe, mit 56 Metern die höchste Erhebung des Hamburger Volksparks, sehen wir eine **HAINBUCHE**. Wegen ihres hellen Holzes wird sie auch Weißbuche genannt. Die Hainbuche ist allerdings keine Buche, sondern gehört wie Hasel, Erle und Birke zu den Birkengewächsen. Das kann man gut am Blattrand erkennen. Der ist nämlich nicht leicht wellig wie bei der Buche, sondern doppelt gesägt. An den Zweigen der Hainbuche hängen überall Früchte. Es sind kleine, jeweils mit einem dreizipfeligen Flugorgan ausgestattete Nüsschen, die paarweise zu mehreren übereinander angeordnet sind. Fallen die einzelnen Flügelnüsse später ab, beschreiben sie eine schraubenförmige Flugbahn und können vom Wind bis zu einen Kilometer weit verfrachtet werden. Die Hainbuche lässt sich sehr gut zurechtschneiden und spielt deshalb in Gärten und Parks eine große Rolle als Hecke und Formgehölz. Das konnten wir ja eben im Schulgarten mit seinen Hecken und Heckenbögen schön sehen.

Hainbuche

Bis zur S-Bahn-Station Stellingen haben wir noch kleines Stückchen Weg vor uns. Wir genießen die urige Parklandschaft mit ihren bewaldeten Hügeln und Schluchten. Unter einer Hänge-Birke wächst ein Fliegenpilz. Sein leuchtend roter, weiß gepunkteter Hut ist schon von Weitem zu erkennen. Der Fliegenpilz ist giftig, aber auch ein beliebtes Glückssymbol in Märchen und auf Postkarten. Er bildet mit den feinen Wurzeln der Birke eine enge Verbindung, von der beide Partner profitieren. Der Fliegenpilz liefert Wasser und Nährsalze und bekommt dafür Zucker, den die Birke durch Photosynthese erzeugt hat. Auch mit der Fichte kann der Fliegenpilz so eine

HAINBUCHE (Carpinus betulus) [BLÜTE] Männliche und weibliche Kätzchen an einem Baum. [BLÜTEZEIT] April bis Mai. [BLATT] Länglich, eiförmig. Blattrand doppelt gesägt. [VORKOMMEN] Laubwälder, Waldränder, Hecken, Gärten, Parks, Friedhöfe, als Straßenbaum. [WISSENSWERTES] Die Hainbuche besitzt das härteste Holz aller heimischen Bäume. Man verwendete es früher, als Eisen noch knapp und teuer war, für besonders stark beanspruchte Fahrzeug- und Maschinenteile wie Achsen und Zahnräder. Heute wird es beispielsweise für die Herstellung von Werkzeugstielen oder Hackbretter genutzt. In der Bach-Blütentherapie spielt die Hainbuche eine Rolle als Heilpflanze gegen Übermüdung und Erschöpfung.

Lebensgemeinschaft zu gegenseitigem Nutzen, Symbiose genannt, bilden. Wir sehen mehrere dieser Nadelbäume, aber keine Fliegenpilze darunter. Zwischen den Fichten entdecken wir eine **WALD-KIEFER**. Ihre Nadeln sind länger als die der Fichte und sitzen jeweils zu zweit an einem Kurztrieb. Die Wald-Kiefer ist auch nicht so hoch wie eine Fichte, und ihr Stamm besitzt eine andere Borke. Während diese bei der Fichte eher dünnschuppig ist, besteht die Borke bei der Wald-Kiefer aus kleineren und größeren Platten. Die Blüten dieses Nadelbaums werden durch den Wind bestäubt. Deshalb sind sie auch recht unauffällig. Sie müssen ja keine Insekten anlocken. Auch die unzähligen Pollen sind wunderbar an diese Art der Bestäubung angepasst. Jedes Pollenkorn besitzt zwei Luftsäcke, ist deshalb besonders leicht, und der Wind kann es mehrere Kilometer weit fortwehen. Manche Schmetterlingsarten sind auf die Wald-Kiefer als Futterpflanze angewiesen, etwa der Kiefernschwärmer, der Kiefernspanner und die Nonne. In größeren Kieferbeständen können sich

Wald-Kiefer

WALD-KIEFER (Pinus sylvestris) [**BLÜTE**] Männliche und weibliche Blütenstände an einem Baum. [**BLÜTEZEIT**] Mai bis Juni. [**BLATT**] Lange graugrüne Nadeln zu zweit an Kurztrieb. Nadeln meist einmal um die Achse gedreht. [**VORKOMMEN**] Nadel- und Mischwälder, Parks, Friedhöfe. [**WISSENSWERTES**] Früher verwendete man Kienspäne, das waren abgespaltene Stücke des harzreichen und gut brennbaren Holzes der Wald-Kiefer als Lichtquelle. Heute ist dieser Nadelbaum als Lieferant für gutes Bau- und Möbelholz begehrt. Seine ätherischen Öle finden sich in Badezusätzen und Sauna-Aufgüssen. Da die Wald-Kiefer gut mit Trockenheit zurechtkommt, wird sie mit der Klimaerwärmung weniger Probleme haben als andere Bäume.

diese Schmetterlinge allerdings massenartig vermehren und die Bäume durch Kahlfraß stark schädigen.

HINWEISE

Eine interaktive Karte des Volksparks findet sich unter www.hamburg.de/karte-volkspark/ Im Dahliengarten sind von Mitte Juli bis Ende Oktober über 600 Dahliensorten zu sehen. Er ist täglich von 8 bis 20 Uhr geöffnet. Der Eintritt ist frei. *Auf dem Schulgartengelände befindet sich ein Permakultur-Garten des Tutenberg Instituts für Umweltgestaltung e.V. (www.umweltgestaltung.org). Er ist von Anfang April bis Ende Oktober jeden ersten Samstag zwischen 13 und 16 Uhr zu besichtigen.*

EIGENE BEOBACHTUNGEN

BRENNNESSEL UND CO. – FRISCHES WILDGEMÜSE

Die Wilde Rauke, ein gelbblühender Kreuzblütler, wächst in Hamburg vor allem im Bereich des Hafens. Dieses »Unkraut« hat es allerdings in sich. Wegen seines durch Senföle hervorgerufenen scharfen Geschmacks lässt sich aus ihm in der Küche ein leckeres Pesto zaubern. Die Wilde Rauke, auch Schmalblättriger Doppelsame genannt, wird deshalb in den Vier- und Marschlanden angebaut und unter dem Namen »Deutscher Rucola« auf Wochenmärkten verkauft. Auch die Brennnessel, bei vielen wegen ihrer Brennhaare ja nicht gerade beliebt, ist als Wildgemüse gar nicht so uninteressant. Ihre Blätter und jungen Triebe eignen sich beispielsweise als Salatbeigabe oder getrocknet als Tee.

Wildgemüse wie Giersch oder Beifuß sind in Hamburg so häufig, dass eine Ernte für den eigenen Bedarf problemlos ist. Anders sieht es bei Pflanzen aus, die hier selten sind wie der Bärlauch oder sogar vom Aussterben bedroht wie der Gute Heinrich. Hier verbietet sich natürlich ein Absammeln. Das wäre beim Bärlauch sowieso nicht ratsam, da seine Blätter leicht mit den ähnlich geformten Blättern von Maiglöckchen und Herbstzeitlose verwechselt werden können. Und die sind sehr giftig! Wer seine Küche mit kostenlosem Wildgemüse bereichern will, sollte sich genau mit den Pflanzen auskennen, die er essen will. Sonst könnte es ihm passieren, dass er den durchaus als Wildgemüse geeigneten Wiesen-Kerbel mit dem äußerst giftigen Gefleckten Schierling verwechselt.

ACKER-SENF (Sinapis arvensis)
[VERWENDETE TEILE] Blätter, Knospen, Samen, krautige Teile
[ZUBEREITUNG] Gemüse, Gewürz

ECHTES BARBARAKRAUT
(Barbarea vulgaris)
[VERWENDETE TEILE] Kraut
[ZUBEREITUNG] Gemüse, Salatbeigabe, Spinatersatz

GÄNSEBLÜMCHEN
(Bellis perennis)
[VERWENDETE TEILE] Blätter, Knospen, Blüten
[ZUBEREITUNG] Kapernersatz, Gemüse, Salatbeigabe

GEWÖHNLICHE QUECKE
(Elymus repens)
[VERWENDETE TEILE] Ausläufer, Wurzel
[ZUBEREITUNG] Salatbeigabe, Suppe

GEWÖHNLICHER BEIFUSS

(Artemisia vulgaris)

[VERWENDETE TEILE] Blätter

[ZUBEREITUNG] Gewürz

GIERSCH

(Aegopodium podagraria)

[VERWENDETE TEILE] Blätter

[ZUBEREITUNG] Gemüse, Salatbeigabe, Suppe

GROSSE BRENNNESSEL

(Urtica dioica)

[VERWENDETE TEILE] Blätter, junge Triebe

[ZUBEREITUNG] Salatbeigabe, Suppe, Tee

PASTINAK

(Pastinaca sativa)
[VERWENDETE TEILE]
Wurzeln, Blätter, junge Triebe
[ZUBEREITUNG] Gemüse, Gewürz, Püree

SCHMALBLÄTTRIGES WEIDENRÖSCHEN

(Epilobium angustifolium)
[VERWENDETE TEILE] Blätter, Sprossen, Triebe, Wurzeln
[ZUBEREITUNG] Gemüse, Salatbeigabe, Tee

WILDE RAUKE

(Diplotaxis tenuifolia)
[VERWENDETE TEILE] Blätter
[ZUBEREITUNG] Gewürz, Pesto, Salat

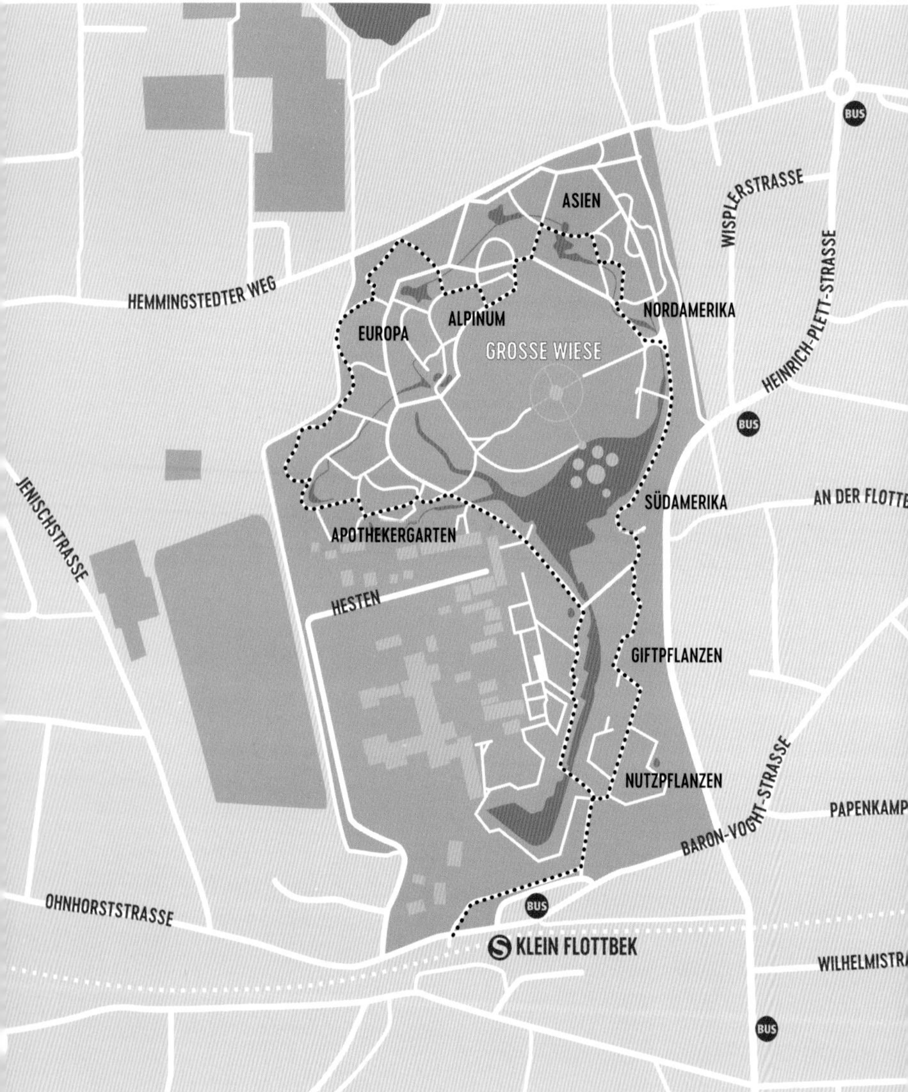
ASIEN
WISPLERSTRASSE
HEINRICH-PLETT-STRASSE
HEMMINGSTEDTER WEG
NORDAMERIKA
ALPINUM
EUROPA
GROSSE WIESE
JENISCHSTRASSE
SÜDAMERIKA
AN DER FLOTTB
APOTHEKERGARTEN
HESTEN
GIFTPFLANZEN
NUTZPFLANZEN
PAPENKAMP
BARON-VOGHT-STRASSE
BUS
OHNHORSTSTRASSE
KLEIN FLOTTBEK
WILHELMSTR

BOTANISCHER GARTEN

In Planten un Blomen steht in der Nähe des Dammtor-Bahnhofs eine uralte Platane, die sogenannte »Lehmann-Platane«. Im Jahr 1821 pflanzte der damalige Gymnasial-Professor Johann Georg Christian Lehmann diesen Baum und begründete damit den Alten Botanischen Garten. 1970, also rund einhundertfünfzig Jahre später, beschloss die Hamburger Bürgerschaft, den mittlerweile zu eng gewordenen Alten Botanischen Garten in den Hamburger Westen zu verlegen. 1979 wurde dann in Klein Flottbek der Neue Botanische Garten eröffnet. Er dient nicht nur der Forschung und Lehre, sondern will auch die Öffentlichkeit mit einem breitgefächerten Veranstaltungsprogramm an die hier aus aller Welt versammelten Pflanzen heranführen. Zu jeder Jahreszeit kann der Besucher Neues entdecken. Im Frühling setzen Frühblüher wie Hohler Lerchensporn und Buschwindröschen im einheimischen Wald erste Farbakzente. Später zeigen dann die Azaleen im Japan-Garten ihre ganze Blütenpracht. Der Sommer wartet mit bunten Alpenblumen und duftenden Rosen auf. Im Bauerngarten blühen dann Stockrosen, Sonnenblumen und Margeriten. Der Herbst mit seinen leuchtend verfärbten Blättern vermittelt eine Ahnung vom nordamerikanischen Indian Summer. Und der Pflanzenfreund kann sich über die roten und blauen Früchte von Kornelkirsche und Schlehe freuen. Aber

Der Botanische Garten liegt im Westen Hamburgs. S-Bahn (S1, S11) bis Klein Flottbek (Botanischer Garten), Buslinien 15, 21 bis S-Bahnhof Klein Flottbek. Eingang Ohnhorststraße (gegenüber dem S-Bahnhof). Parkplatz rechts vom Eingang.

auch in der kalten Jahreszeit lohnt sich ein Besuch. Dann haben sich die Hagebutten nach frostigen Nächten mit glitzerndem Raureif überzogen, und die Nadeln der Eibe sind mit feinen Eiskristallen verziert.

KARTOFFEL UND MISTEL

Auf unserem Rundgang durch den Botanischen Garten besuchen wir verschiedene Themengärten. Dort sind Pflanzen zu sehen, die für uns Menschen eine besondere Bedeutung haben. Gleich zu Beginn erfahren wir Interessantes über Nahrungspflanzen wie etwa die Kartoffel oder die verschiedenen Getreidesorten. Im Giftgarten lernen wir die toxische Wirkung chemischer Substanzen der Tollkirsche und weiterer Giftpflanzen näher kennen. Außerdem schauen wir uns die Gemüse-, Gewürz-, Obst- und Zierpflanzen eines Bauerngartens etwas genauer an. Anschließend vermittelt uns der Besuch im Apothekergarten einen kleinen Überblick über die verschiedenen Heilkräuter und deren positive Wirkungen auf unsere Gesundheit. Neben den verschiedenen Themengärten besuchen wir auch noch die pflanzengeografische Abteilung des Botanischen Gartens. Statt lange und beschwerliche Reisen zu machen, können wir dort die unterschiedlichen Regionen der Welt in kurzer Zeit durchwandern. Erstaunt bleiben wir vor den riesigen Mammutbäumen Nordamerikas stehen, um schon wenig später durch den China-Garten zu spazieren. Von da aus ist es ein Katzensprung bis zum Alpinum mit seiner farbenfrohen Bergblumenwelt und zum einheimischen Wald mit seinen schattenspendenden Buchen, Eichen und anderen Bäumen.

Es ist ein herrlicher Sommertag. Vor dem Eingang des Botanischen Gartens empfängt uns die große Bronzeplastik des Worpsweder Künstlers Waldemar Otto mit dem Titel »Adam plündert das Paradies«. Wir schauen uns den hässlichen, dickbäuchigen Adam an, der gierig in den Apfel beißt. Er musste das Paradies verlassen. Seitdem geht die Zerstörung der Natur durch den Menschen unvermindert weiter. So schrumpfen die Bestände vieler Pflanzenarten in großem Tempo. Ein Beispiel für Hamburg: Von den hier nachgewiesenen über 1300 Blütenpflanzen gelten über fünfzig Prozent als gefährdet. Das liegt vor allem an der Zerstörung ihrer Lebensräume, beispielsweise durch Entwässerung oder Versiegelung. Wir starten jetzt unseren im Gegenuhrzeigersinn verlaufenden Rundgang und gehen zuerst in die Abteilung für Nutzpflanzen. Dort empfangen uns frische Salate, gesundes Wurzelgemüse und weitere die Küche bereichernde Pflanzen. Wir schauen uns auch die unterschiedlichen Getreidesorten an und informieren uns genauer über eines der bekanntesten Nahrungsmittel: die **KARTOFFEL**. Nur ihre im Boden wachsenden Knollen sind essbar. Sie enthalten viel Stärke und dienen der Pflanze als Nährstoffspeicher. Alle oberirdischen Teile der Kartoffel sind ungenießbar. Das ist kein Wunder, denn sie gehört zur großen Familie der Nachtschattengewächse. Die sind für ihren Gehalt an giftigen Alkaloiden bekannt. Die Kartoffel stammt aus Südamerika und war für die

Kartoffel

KARTOFFEL (Solanum tuberosum) [BLÜTE] Die weißen bis violetten zwittrigen Blüten besitzen gelbe Staubbeutel. [BLÜTEZEIT] Je nach Kartoffelsorte von Mai bis August. [BLATT] Unpaarig gefiedert, Teilblätter leicht bis stark behaart. [VORKOMMEN] Außerhalb tropischer, arktischer und subarktischer Klimazonen wird die Kartoffel weltweit angebaut. [WISSENSWERTES] Die Kartoffeln werden in frühe, mittelfrühe und späte Sorten eingeteilt. Die frühen werden von Juni bis Juli geerntet, danach kommen die mittelfrühen. Die Ernte der späten Kartoffelsorten beginnt ab September. Nach ihrer Verwendung in der Küche unterscheidet man festkochende (für Bratkartoffeln), vorwiegend festkochende (für Pellkartoffeln) und mehlig kochende Speisekartoffeln (für Kartoffelpüree).

Inka ein wichtiges Nahrungsmittel. Spanische Eroberer brachten die Pflanze dann im Laufe des 16. Jahrhunderts nach Europa. Dort wusste man allerdings lange Zeit nichts Rechtes mit der Kartoffel anzufangen. Anfangs wurde sie nur wegen ihrer schönen Blüten als exotische Zierpflanze geschätzt. Später erkannte dann König Friedrich der Große (1712–1786) den Wert der Kartoffel als Grundnahrungsmittel für seine Untertanen. Um den bis dahin sehr skeptischen Bauern die nahrhafte Knolle schmackhaft zu machen, wandte der König einen Trick an. Er ließ die Pflanze unter Bewachung anbauen. Das machte die Bauern dann doch sehr neugierig. Etwas musste wohl an der Kartoffel dran sein. Heute ist sie aus unserer Ernährung nicht mehr wegzudenken. Da sie zum großen Teil aus Wasser besteht, macht sie auch nicht dick, wie manchmal behauptet wird. Dick kann man nur von der Zubereitungsart mit viel Salz und Fett werden.

Wir informieren uns noch über einige weitere Nutzpflanzen wie etwa Mangold oder Sellerie, freuen uns über die großen, leuchtend gelben Sonnenblumen, deren Samen ein gesundes Öl liefern, und spazieren dann weiter in Richtung Giftgarten. Vorher kommen wir noch an einem Holzpavillon mit begrüntem Dach vorbei. In dieser »Grünen Schule« vermittelt ein Gartenpädagoge Kindern Wissenswertes über unsere Pflanzenwelt. Vor dem Pavillon wachsen Petersilie, Rote Johannisbeere und andere Pflanzen, die typisch für einen Schrebergarten sind. An einem Pflaumenbaum turnen zwei Kohlmeisen. Unermüdlich suchen sie nach Blattläusen und anderen Insekten. Damit leisten sie einen nicht unerheblichen Beitrag zur biologischen Schädlingsbekämpfung. Auf einer Informationstafel am Giftgarten erfahren wir Interessantes über die Bedeutung der Gifte für die Pflanzen. So sorgen die verschiedenen giftigen Substanzen wie Alkaloide oder Glykoside dafür, dass die Gewächse vor Fressfeinden geschützt sind. Jetzt stehen wir vor einer besonders giftigen Pflanze und betrachten sie genauer. Es ist die **SCHWARZE TOLLKIRSCHE**. Auch sie gehört zu den Nachtschattengewächsen. Wir sehen ihre glockenförmigen, braunvioletten Blüten

Schwarze Tollkirsche

und die ersten noch unreifen grünen Beeren. Später werden sie dann glänzendschwarz. So verlockend die Früchte auch aussehen, so giftig sind sie. Für ein Kind können schon drei bis vier davon tödlich sein. Einer der Giftstoffe der Schwarzen Tollkirsche, das Alkaloid Atropin, nutzt der Augenarzt, um die Pupillen seiner Patienten zu erweitern. Er verwendet das Atropin allerdings nur in äußerst geringer Konzentration, sodass es seine giftige Wirkung kaum entfalten kann. »Nur die Dosis macht das Gift«, so lautet schließlich das verkürzt wiedergegebene Zitat des bekannten Arztes und Philosophen Paracelsus (1493–1541). Der lateinische Artname der Tollkirsche lautet »bella-donna«, was ins Deutsche übersetzt »schöne Frau« bedeutet. Dazu eine nette Geschichte: Wenn junge Italienerinnen früher zum Tanzen gehen wollten, träufelten sie sich vorher ein wenig Tollkirschensaft in die Augen. Daraufhin bekamen sie große Pupillen und sahen so besonders attraktiv aus. Der Preis für die feurigen Augen war allerdings eine nach-

SCHWARZE TOLLKIRSCHE (Atropa bella-donna) [**BLÜTE**] Die glockenförmigen, zwittrigen Blüten sind braunviolett bis grünlich. [**BLÜTEZEIT**] Juni bis August. [**BLATT**] Eiförmig, zugespitzt, flaumig behaart. [**VORKOMMEN**] In Hamburg meist nur im Botanischen Garten, in Bayern, Baden-Württemberg und anderen Bundesländern an Waldwegen und auf Waldlichtungen. [**WISSENSWERTES**] Der Botanische Sondergarten in Wandsbek hat die Tollkirsche zur Giftpflanze des Jahres 2020 wählen lassen. Er will damit auf die Gifte dieser Staude und ihre Wirkungen auf Mensch und Tier aufmerksam machen. Bei ersten Anzeichen einer Vergiftung wie beispielsweise Übelkeit oder Krämpfen sofort Arzt oder Krankenhaus aufsuchen. Bei akutem Notfall den Notruf 112 wählen!

lassende Sehschärfe. Später, als die jungen Damen wieder normal sehen konnten, war so manche dann enttäuscht vom Anblick ihres Tanzpartners. Vorbei an Sadebaum, Eisenhut und weiteren Giftpflanzen kommen wir nun in den Wüstengarten. Er ist ein Geschenk der Vereinigten Arabischen Emirate. Ein Schwerpunkt im östlichen Teil des Gartens sind Kakteen, Agaven und andere Pflanzen nordamerikanischer Wüsten. Der Westteil zeigt Pflanzen, die in Oasen arabischer Wüsten wachsen wie etwa die Algerische Minze oder der Ysop. Wir besuchen eine der beiden blauen Glaspyramiden im Zentrum des Wüstengartens und informieren uns in einer Posterausstellung über Kakteen, Lebende Steine und andere an trockene Standorte angepasste Pflanzen. Nun gehen wir am Rosengarten mit seinen wundervollen Blüten entlang und erreichen nach einigen Schritten den Gesteinsgarten. Hier beeindruckt uns ein durch Einbau von Kieselsäure versteinertes Stammstück einer Sumpfzypresse, das viele Millionen Jahre alt ist. In der pflanzengeografischen Abteilung, die wir jetzt betreten, blicken wir erstaunt auf die riesigen

Mammutblatt

MAMMUTBLATT (Gunnera manicata) [BLÜTE] Über einen Meter lange rötliche Blütenkolben, die aus vielen unscheinbaren Einzelblüten bestehen. [BLÜTEZEIT] Juli bis August. [BLATT] Sehr groß, rund bis nierenförmig mit gelapptem, unregelmäßig gezähntem Rand. [VORKOMMEN] Als Zierpflanze in der Nähe von Gewässern in großen Gärten, Botanischen Gärten und Parks. [WISSENSWERTES] Wer einen großen Garten, möglichst noch mit einem Teich, besitzt, kann sich auch dort am beeindruckenden Blattschmuck des Mammutblatts erfreuen. Er muss allerdings im Winter für einen Schutz der frostempfindlichen Pflanze sorgen. Dazu eignen sich die zuvor abgeschnittenen Blätter sehr gut. Die Stiele sollten nach oben zeigen. Außerdem müssen die Blätter mit Steinen oder anderem beschwert werden, damit sie nicht vom Wind fortgetragen werden können.

Blätter des in Südamerika beheimateten **MAMMUTBLATTS**. Kurz fühlen wir uns in eine Urlandschaft versetzt. Die Blätter dieser Staude haben einen Durchmesser von über zwei Metern und sitzen an so langen, mit weichen Stacheln besetzten Stielen, dass wir uns problemlos darunterstellen können. Die ledrigen Riesenblätter haben auf ihrer Unterseite auffallend hervortretende Blattadern. Sie verleihen der Pflanze so viel Festigkeit, dass ihr auch heftiger Platzregen oder starker Wind nichts anhaben können. Da das Mammutblatt unserem Rhabarber ähnelt, wird es manchmal auch Riesen-Rhabarber genannt. Die beiden Pflanzen sind aber nicht näher miteinander verwandt. Die mächtige Staude hat hier am großen Teich optimale Lebensbedingungen, denn sie liebt feuchten und nährstoffreichen Boden. In seiner ursprünglichen Heimat Brasilien heißt das Mammutblatt auch »Sombrilla de los pobres«, also »Sonnenschirm der Armen«.

Wir schauen uns noch ein wenig weiter in der pflanzengeografischen Abteilung um. Rechts vom Weg wachsen Araukarien. Diese Nadelbäume stammen aus den Anden Chiles. Ihre spiralig angeordneten, dreieckigen Blätter sind sehr hart und an ihren Enden so spitz, dass sie ganz schön piksen. Mindestens ebenso faszinierend wie die südamerikanischen Araukarien sind die großen Küstenmammutbäume, vor denen wir jetzt stehen. Ihre Heimat ist die pazifische Küstenregion Nordamerikas. Dort gibt es Exemplare, die eine Höhe von über hundert Metern erreichen und damit die höchsten Bäume der Welt sind. An dichtstehenden Bambushalmen vorbei gelangen wir nun in den Japan-Garten. Hier wachsen auch Endemiten, also Pflanzen, die es auf der ganzen Welt in freier Natur nur in Japan gibt. Dazu gehören die Schirmtanne und der Lebkuchenbaum, der seinen Namen vom lebkuchenartigen Duft seiner im Herbst abgefallenen Blätter hat. Wir bleiben noch in Ostasien und besuchen den China-Garten. Dort setzen wir uns einen Moment auf eine Bank, hinter der wunderschöne Purpur-Magnolien blühen, und genießen den Blick auf den eindrucksvollen chinesischen Pavillon gegenüber. Jetzt machen wir einen Sprung von

China in die Alpen und »kraxeln« im Alpinum ein bisschen in den »Bergen« herum. Hier erwartet uns eine bunte Blumenwelt. Neben Edelweiß, Enzian und Gletscher-Hahnenfuß sehen wir auch die **ECHTE ARNIKA**, auch Berg-Wohlverleih genannt. Ihre gelben Blüten duften aromatisch und locken Insekten zum Bestäuben an. Da kommt ja auch schon ein Tagpfauenauge angeflogen und setzt sich auf die zu den Korbblütlern gehörende krautige Pflanze. Die Echte Arnika spielt als Heilpflanze eine große Rolle. Schon Goethe soll sie eingenommen haben, um einige seiner Beschwerden damit zu lindern. Äußerlich angewendet helfen Auszüge aus den Blüten der Echten Arnika bei Prellungen, Quetschungen, Rheuma und Insektenstichen. Von einer innerlichen Anwendung ist dringend abzuraten. Sonst drohen Vergiftungen und sogar Herzrhythmusstörungen. Da die Echte Arnika sehr selten geworden ist, steht sie unter Naturschutz. Um die große Nachfrage nach dieser Heilpflanze trotzdem befriedigen zu können, versucht man, Sorten aus ihr zu züchten, die für den Feldanbau geeignet sind.

Echte Arnika

Es ist mittlerweile ganz schön warm geworden. Umso mehr genießen wir den kühlenden Schatten im einheimischen

ECHTE ARNIKA (Arnica montana) [BLÜTE] Goldgelbes Körbchen, außen Zungenblüten, innen Röhrenblüten. [BLÜTEZEIT] Juli bis August. [BLATT] Eiförmig bis lanzettlich, Rand meist glatt. [VORKOMMEN] In Hamburg liegt für die letzten Jahre kein Nachweis vor. In Deutschland ist die Art nur lückenhaft verbreitet. Schwerpunkte sind die Mittelgebirge und die Alpen. [WISSENSWERTES] Die echte Arnika braucht nährstoffarme Böden. Sie wächst bevorzugt auf sauren und mageren Wiesen. Durch Überdüngung, Aufforstung und weitere Eingriffe werden diese in zunehmendem Maße vernichtet. Daher steht die Pflanze in Deutschland auf der Roten Liste gefährdeter Arten und gilt als besonders geschützt. Durch unterschiedliche Projekte versucht man mittlerweile, die starken Bestandsrückgänge der Echten Arnika zu stoppen.

Wald. Gleich zu Beginn empfängt uns ein blühender Bestand des Ausdauernden Silberblatts. Seine Früchte sehen mit ihren silbrigen Scheidewänden wie kleine Monde aus. Beim Gang unter Bäumen finden wir noch weitere Pflanzen am Waldboden wie die Große Sternmiere oder den Waldmeister. Ein Buntspecht trommelt am Stamm eines Ahorns, und weiter oben schmettert ein Buchfink sein Liedchen. Jetzt gelangen wir in den prachtvoll blühenden Bauerngarten. Hier summt es überall. Das ist kein Wunder, denn am Rand stehen mehrere Bienenkästen, deren Bewohner fleißig Nektar und Pollen sammeln. Auch andere Insekten wie Schmetterlinge und Hummeln sind unterwegs. Gleich neben dem Bauerngarten liegt der Apothekergarten, in dem wir Wissenswertes über verschiedene Heilpflanzen erfahren. So hilft das Echte Lungenkraut gegen Husten und das Gewöhnliche Schöllkraut bei Gallenbeschwerden. Eine sehr bekannte Heilpflanze ist natürlich der **ROTE FINGERHUT**. Er enthält hochwirksame Herzglykoside, die bei richtiger Dosierung bestimmte Herzleiden lindern können. Allerdings ist der Rote Fingerhut auch hochgiftig. Schon der Verzehr von zwei bis drei Blättern kann tödlich enden. Doch, wie schon gesagt, hängt die Giftwirkung von der Dosis ab. Ihren deutschen Namen verdankt diese zu den Wegerichgewächsen gehörige Staude ihrer Blütenform, die einem Fingerhut ähnelt. Beim Betrachten der auffallenden

Roter Fingerhut

ROTER FINGERHUT (Digitalis purpurea) [BLÜTE] Karminrot, glockenförmig, in traubigem Blütenstand. [BLÜTEZEIT] Juli bis August. [BLATT] Langgestielt, eiförmig, Blattrand unregelmäßig gekerbt. [VORKOMMEN] Waldwege, Lichtungen, Gärten und Parks. [WISSENSWERTES] Der Rote Fingerhut ist auch eine beliebte Zierpflanze. Er macht eine gute Figur im Halbschatten sommerlicher Staudenrabatten. In Hamburg war der Rote Fingerhut ursprünglich wahrscheinlich nicht heimisch. Da sich die zweijährige Staude schnell vermehrt und auch leicht verwildert, ist sie in der Hansestadt nicht nur in Gärten und Parks zu finden.

Pflanze fällt uns eine dicke Hummel auf. Gerade kriecht sie in eine der hängenden karminroten Blüten. Ein kurzer Moment, dann kommt die Hummel rückwärts wieder heraus, den Rücken mit Blütenstaub bedeckt, und fliegt zur nächsten Blüte. Man nimmt an, dass die rotweißen Flecken an den Innenwänden der Fingerhutblüten Staubbeutel imitieren und dadurch die Hummeln anlocken. Dass sie es sind, die in erster Linie den Roten Fingerhut bestäuben, liegt sicher auch an den vielen, senkrecht stehenden Haaren am Blüteneingang. Kleine Insekten kommen da nämlich meist nicht hindurch.

Nach einigen Schritten, vorbei am Coniferetum mit seiner Auswahl verschiedener Nadelhölzer wie Libanon-Zeder und Scheinzypresse, erreichen wir wieder den großen, zentralen Teich. Am Ufer wartet ein Graureiher auf einen Fisch, und über dem Wasser jagen einige Mehlschwalben nach Insekten. Jetzt geht's nach rechts leicht bergan. Im Bibelgarten machen wir uns über Pflanzen schlau, die schon in der Bibel erwähnt wurden, wie der Wein und die Feige. Im Duft- und Tastgarten betätigen wir die

Mistel

MISTEL (Viscum album) [BLÜTE] Drei bis fünf der unscheinbaren, gelbgrünen Blüten stehen knäuelig beisammen. Männliche und weibliche Blüten sitzen auf verschiedenen Pflanzen. [BLÜTEZEIT] Februar bis April. [BLATT] Lanzettlich, ledrig. [VORKOMMEN] Auf Laubbäumen wie Pappeln, Weiden, Hainbuchen und Ahornen. [WISSENSWERTES] Die Mistel hat sich gut an das Leben in der Baumkrone angepasst. Sie blüht schon im zeitigen Frühjahr und bildet ihre Früchte erst im Winter. Da die Baumkrone zu diesen Zeiten keine Blätter trägt, können bestäubende Insekten und beerenfressende Vögel die Pflanze gut erkennen. In Hamburg wächst die Mistel nicht nur im Botanischen Garten, sondern beispielsweise auch im Schulgarten im Altonaer Volkspark.

sogenannten Duftorgeln, um an den unterschiedlichen Pflanzendüften zu schnuppern. Einige haben eine blumige Note, andere eine fruchtige, würzige oder harzige. Bis zum Ausgang ist es nun nicht mehr weit. Doch wir entdecken noch etwas Spannendes. Auf einem Silber-Ahorn sitzen mehrere **MISTELN**. Einige sind allerdings vom Blattwerk verdeckt. Die immergrünen Pflanzen leben als Halbparasiten. Sie können zwar selbst Photosynthese betreiben und so lebenswichtige Kohlenhydrate herstellen, sind aber auf die Zufuhr von Wasser und Nährsalzen durch den Wirtsbaum angewiesen. Die schönen weißen Mistelbeeren, die wie Muschelperlen aussehen, können wir jetzt nicht sehen. Sie erscheinen erst im Winter. Dann kommen Vögel wie die Misteldrossel und in manchen Jahren auch der Seidenschwanz, um sich an den Beeren gütlich zu tun. Allerdings scheiden sie die von einer klebrig-zähen Masse umhüllten Samen nach kurzer Zeit wieder aus. Gelangen diese auf einen potenziellen Wirtsbaum, bleiben sie haften, und dann kann sich daraus ein neuer Mistelstrauch entwickeln. Ein beliebter alter Brauch aus England ist es, sich in der Weihnachtszeit einen Mistelzweig über die Tür zu hängen. Ein Kuss darunter verspricht Glück und ewige Liebe.

HINWEISE

➳ Der Botanische Garten der Universität Hamburg (seit 2012 heißt er »Loki Schmidt Garten«) ist täglich ab 9 Uhr geöffnet: Januar und Februar bis 16 Uhr, 1. bis 28. März bis 17 Uhr, 29. März bis 30. April bis 19 Uhr, Mai bis August bis 20 Uhr, September bis 19 Uhr, 1. bis 24. Oktober bis 18 Uhr, 25. Oktober bis 30. Dezember bis 16 Uhr ➳ Der Eintritt ist frei. Hunde sind im Botanischen Garten nicht zugelassen. ➳ Lohnenswert ist auch ein Besuch der neu gestalteten Systematischen Abteilung. Sie ordnet die Pflanzen nach ihrer Verwandtschaft und vermittelt so einen guten Überblick über das Pflanzenreich. ➳ Das Loki Schmidt Haus im Botanischen Garten, Telefon (040) 428 165 70, zeigt die Vielfalt der Nutzpflanzen. Geöffnet März bis Oktober, Donnerstag 13 bis 17 Uhr, Sonn- und Feiertage 11 bis 17 Uhr. ➳ Die Gesellschaft der Freunde des Botanischen Gartens Hamburg e.V. bietet an Sonntagen Führungen zu verschiedenen pflanzenkundlichen Themen an. Im Sommerhalbjahr finden sie im Freigelände statt, im Winterhalbjahr in den Tropenhäusern in Planten un Blomen. Info: www.bghamburg.de, Telefon (040) 428 164 76.

STECKBRIEFE MIT ABBILDUNGEN

BILDNACHWEIS

Darina_V / Shutterstock: *Gloria Dei (15)*

Curtis, William (1912): Curtis's Botanical Magazine, vol. 138, London: *Taschentuchbaum (13)*

Kops, Jan (1807): Flora Batava, Volume 2, o. O.: *Acker-Senf (139)*

Kops, Jan (1832): Flora Batava, Volume 6, Amsterdam: *Knoblauchsrauke (100)*

Kops, Jan (1856): Flora Batava, Volume 12, Amsterdam: *Kanadische Wasserpest (111)*

Krauss, Johan Carl (1802): Afbeeldingen der fraaiste, meest uitheemsche boomen en heesters, Amsterdam: *Gemeiner Goldregen (67)*

Lemaire, Charles Antoine (1854): L'Illustration horticole: journal spécial des serres et des jardins, ou choix raisonné des plantes les plus intérressantes sous le rapport ornemental, comprenant leur histoire complete, leur description comparée, leur figure et leur culture, Gand, Belgium: *Mammutblatt (148)*

Lindman, Carl Axel Magnus (1905): Bilder ur Nordens Flora (1901–1905), Stockholm: *Ulme (29)*

Losch, Friedrich (1914): Kräuterbuch. Unsere Heilpflanzen in Wort und Bild, Eßlingen / München: *Kartoffel (145), Sommerlinde (17, 124)*

Masclef, Amédée (1891): Atlas des plantes de France, Paris: *Borretsch (96), Heidelbeere (36, 93), Heidelbeere (93), Schwarze Tollkirsche (69, 147)*

Mentz, A. / Ostenfeld, C. H. (1917-1927): Bilder der Nordflora, Band 4, Kopenhagen: *Kriechender Günsel (52)*

Michaux, François André (1812/1813): Histoire des arbres forestiers de l'Amérique septentrionale, Paris: *Roteiche (83)*

Oeder, G. C. (1761–1883): Flora Danica. Copenhagen: *Moor-Birke (43)*

Pabst, G. (Hrsg.) (1887): Köhler's Medizinal-Pflanzen in naturgetreuen Abbildungen mit kurz erläuterndem Texte, Bd. 1, Gera-Untermhaus: *Anis (95), Echte Kamille (19), Koriander (96), Liebstöckel (97), Roter Fingerhut (68, 151), Schwarzes Bilsenkraut (69), Thymian (97), Zitronenmelisse (97)*

Pabst, G. (Hrsg.) (1898): Köhler's Medizinal-Pflanzen in naturgetreuen Abbildungen mit kurz erläuterndem Texte, Bd. 3, Gera-Untermhaus: *Gewöhnlicher Beifuß (122, 140)*

Siebold, Philipp Franz von / Zuccarini, Joseph Gerhard (1870): Flora Japonica, Sectio Prima, Tafelband, o. O.: *Glyzinie (14)*

Step, E. / Watson, W. (1896): Favourite flowers of garden and greenhouse, London / New York: *Kanadische Goldrute (110, 119), Leberblümchen (4, 52)*

Sturm, Jacob / Krause, H. L. / Lutz, K. G. (1902): Jacob Sturms Flora von Deutschland in Abbildungen nach der Natur, 6. Band, Stuttgart: *Wilde Rauke (141)*

Sturm, Jacob / Krause, H. L. / Lutz, K. G. (1904): Jacob Sturms Flora von Deutschland in Abbildungen nach der Natur, Zweite umgearbeitete Auflage, 12. Band, Stuttgart: *Pastinak (140)*

Sturm, Jacob / Sturm, Johann Georg (1796): Deutschlands Flora in Abbildungen, Tafeln, o. O.: *Eingriffeliger Weißdorn (79), Gänseblümchen (4, 139), Gemeiner Hohlzahn (76), Gewöhnlicher Wasserdost (89), Großblütige Königskerze (20), Roter Hartriegel (115), Scharbockskraut (53, 104), Stieleiche (28), Waldmeister (53), Zimbelkraut (11, 109)*

Thomé, Otto Wilhelm (1885): Flora von Deutschland Österreich und der Schweiz, Gera: *Bittersüßer Nachtschatten (63), Blauer Eisenhut (67), Breitblättriger Rohrkolben (59), Buschwindröschen (51, 107), Dill (96), Eberesche (36, 41), Echte Arnika (150), Echter Baldrian (16), Echter Hopfen (19), Echter Lavendel (20, 97), Echtes Barbarakraut (139), Echtes Mädesüß (90), Eibe (25, 67), Europäische Lärche (32), Faulbaum (20, 45), Frühe Traubenkirsche (106), Frühlings-Adonisröschen (21), Geflecktes Lungenkraut (52), Gemeine Stechpalme (67, 128), Gewöhnliche Berberitze (36), Gewöhnliche Goldrute (21), Gewöhnliche Nachtkerze (73), Gewöhnliche Quecke (139), Gewöhnliche Rosskastanie (131), Gewöhnlicher Efeu (68), Gewöhnlicher Frauenmantel (20), Gewöhnlicher Hopfen (120), Gewöhnlicher Natternkopf (78), Gewöhnliches Pfaffenhütchen (68, 132), Giersch (140), Große Brennnessel (140), Großes Springkraut (116), Hainbuche (135), Himbeere (36), Huflattich (21), Hunds-Rose (37), Jakobs-Greiskraut (4, 77), Kleines Habichtskraut (58), Kümmel (96), Maiglöckchen (68), Märzenbecher (52), Mistel (152), Rhododendron (31), Rot-Buche (105), Sanddorn (37), Sand-Segge (57), Scharfer Hahnenfuß (118), Schmalblättriges Weidenröschen (141), Schneeglöckchen (53), Schwanenblume (91), Silber-Weide (92), Sumpf-Schwertlilie (44), Schwarz-Erle (46, 47), Sumpf-Vergissmeinnicht (74), Vogelbeere (42), Wald-Erdbeere (37), Wald-Kiefer (136), Wasserfeder (48), Wiesen-Wachtelweizen (88), Winterling (53), Zitter-Pappel (60, 81), Zweigriffliger Weißdorn (4, 21)*

Thomé, Otto Wilhelm (1905): Flora von Deutschland, Österreich und der Schweiz, Band 3, 2. Auflage, Gera: *Echtes Johanniskraut (64), Kornelkirsche (37, 102), Spitzahorn (26, 82, 125)*

Witte, H. (1868): Flora. Afbeeldingen en beschrijvingen van boomen, heesters, éénjarige planten, enz., voorkomende in de Nederlandsche tuinen, Groningen: *Purpur-Sonnenhut (133)*

Thomas Schmidt

WAS PIEPT UND FLIEGT IN HAMBURG?

Ein vogelkundlicher Stadtführer

176 Seiten mit 90 vierfarbigen Illustrationen
ISBN 978-3-88506-779-5, 16,00 €

Hamburg ist eine besonders grüne Stadt. Auf Schritt und Tritt begegnen dem aufmerksamen Vogelbeobachter hier Vertreter der rund 160 in der Elbmetropole brütenden Arten. Anhand zahlreicher illustrierter Steckbriefe und in 13 Kurzwanderungen erschließt dieser vogelkundliche Stadtführer die Hamburger Vogelwelt.

Thomas Schmidt

WAS KREUCHT UND FLEUCHT IN HAMBURG?

Ein tierkundlicher Stadtführer zu
Hummel, Frosch und Ringelnatter

184 Seiten mit 100 vierfarbigen Illustrationen
ISBN 978-3-88506-815-0, 16,00 €

In Hamburg sind mehr Tierarten anzutreffen als in jeder anderen deutschen Großstadt. Überall im Stadtgebiet lassen sich hier interessante Beobachtungen an Tieren aller Arten und Größen machen, denn oft suchen sich die tierischen Metropolenbewohner teils kurios anmutende Ersatzlebensräume. Dieser Führer erschließt das Leben von Kleintieren, Reptilien und Insekten in der Hansestadt in 12 Kurzwanderungen und anhand zahlreicher illustrierter Steckbriefe.